VORWORT

Vor dem Hintergrund der immer strenger werdenden umweltfachlichen Anforderungen an den Vogelschutz bei der Realisierung von Höchstspannungsfreileitungen sowie der aktuellen Entwicklungen in der Rechtsprechung zum Arten- und Gebietsschutz, hat der Übertragungsnetzbetreiber 50Hertz Transmission GmbH am 13. Oktober 2017 eine Fachkonferenz zum Thema „Vogelschutz an Höchstspannungsfreileitungen – Methoden, Spielräume und Realisierbarkeit" in Berlin ausgerichtet.

Eingeladen waren Vertreterinnen und Vertreter von Ministerien, Naturschutz- und Genehmigungsbehörden, Naturschutzvereinigungen, Vogelschutzwarten, Umweltplanungsbüros, andere Netzbetreiber sowie Juristen externer Kanzleien und aus Unternehmensrechtsabteilungen.

Die unterschiedlichen Perspektiven im Spannungsfeld zwischen den Anforderungen des Vogelschutzes einerseits und der praktischen Umsetzbarkeit in konkreten Bauvorhaben andererseits, sollten in einen Dialog gebracht und der aktuelle Kenntnisstand zusammengeführt werden.

Verschiedene Fachvorträge zu rechtlichen, methodischen, praxisbezogenen und projektspezifischen Fragestellungen bildeten die Grundlage für den Austausch zwischen den besten fachlichen Köpfen und engagierten Experten auf dem Gebiet des Vogelschutzes. Die Diskussion wurde von Dr. Christoph Ewen moderiert.

Der Dialog zwischen allen Teilnehmenden zeigte, dass die Umsetzung der Energiewende im Einklang mit dem Natur- und Artenschutz einer differenzierten Herangehensweise bedarf. Diese sollte vor allem nachvollziehbar, plausibel und nachhaltig sein.

Der vorliegende Konferenzband enthält die Vorträge der Referenten sowie eine Zusammenfassung der Diskussionsergebnisse.

Die Resonanz auf die Fachkonferenz war sehr positiv. 50Hertz bedankt sich noch einmal ganz herzlich bei allen Referenten, dem Moderator und den Teilnehmern für ihren Beitrag zum Gelingen der Veranstaltung.

Olivier Feix
Leiter Naturschutz und
Genehmigungen

Dr. Frank Hölzer
Leiter Recht

Berlin, im November 2017

INHALTSVERZEICHNIS

Seite 6
Die Konferenz im Überblick – Zusammenfassung

Seite 17
Vogelschutz an Höchstspannungsfreileitungen – Methoden, Spielräume und Realisierbarkeit – Rechtliche Anforderungen an Methoden, Methodenfreiheit, Beurteilungsspielräume, Fachkonventionen
Prof. Dr. Olaf Reidt

Seite 23
Bewertung von Kollisionsrisiken an Freileitungen im Rahmen des europäischen Arten- und Gebietsschutzes
Dipl.-Ing. Dirk Bernotat

Seite 47
Herausforderungen bei der planerischen Umsetzung
von Anforderungen an den Vogelschutz
Dipl.-Biol. Dr. Ulrich Mierwald

Seite 59
Vogelschutzmarkierungen – Status quo und FNN-Hinweis
Dr. Klaus Richarz

Seite 73
Studie zur Wirksamkeit unterschiedlicher Vogelschutzmarkierungen
Dipl.-Biol. Dr. Beate Kalz

Seite 85
Konferenzprogramm

Seite 86
Konferenzteilnehmer

Seite 92
Impressum

Aus Gründen der besseren Lesbarkeit wird auf die gleichzeitige Verwendung männlicher und weiblicher Sprachformen verzichtet. Sämtliche Personenbezeichnungen gelten gleichermaßen für beiderlei Geschlecht.

DIE KONFERENZ IM ÜBERBLICK ZUSAMMENFASSUNG

I. Grußwort, Boris Schucht, CEO 50Hertz

Boris Schucht begrüßte im Namen von 50Hertz alle Teilnehmer und bedankte sich für das zahlreiche Erscheinen. Er erläuterte, dass 50Hertz als Unternehmen den Auftrag habe, ein zuverlässiges und effizientes Stromtransportnetz für ein sicheres und nachhaltiges elektrisches System zu entwickeln und zu betreiben. Dazu gehöre auch, dass die notwendigen Leitungsbauprojekte gut geplant und umgesetzt würden. Das sei einer der wesentlichen Beiträge des Übertragungsnetzbetreibers (ÜNB) zum Gelingen der Energiewende.

In seiner Regelzone, im Norden und Osten Deutschlands, habe es 50Hertz mit besonderen Landschafts- und Naturräumen zu tun, in denen dem Vogelschutz eine besondere Bedeutung zukomme. Dort, wo 50Hertz Leitungsbauvorhaben plane, seien gleichzeitig wertvolle Schutzgebiete; zahlreiche Vogelarten hätten hier ihre Brut- und Nahrungsgebiete, und wichtige Vogelzugrouten führten über das Netzgebiet. Deshalb setze sich 50Hertz intensiv mit dem Spannungsfeld Vogelschutz einerseits und der praktischen Umsetzbarkeit in konkreten Vorhaben andererseits auseinander. Diese Notwendigkeit ergebe sich auch, aber nicht nur, aus immer strenger werdenden Anforderungen der Rechtsprechung zum Arten- und Gebietsschutz.

50Hertz tue schon viel: In den Leitungsbauprojekten würden umfassende umweltfachliche Gutachten erarbeitet. Dieses Vorgehen würde zum Beispiel durch weitergehende Untersuchungen begleitet. 50Hertz habe als erster Übertragungsnetzbetreiber bundesweit ein Konzept entwickelt, mit dem die Wirksamkeit von Vogelschutzmarkern artspezifisch abgeleitet werde. Zudem würden viele Kompensationsmaßnahmen umgesetzt, die dem Vogelschutz zugutekämen, wie Nisthilfen an Leitungsmasten, Artenschutztürme, Wildvogelpflegestationen für Störche und Freiflugvolieren für Greifvögel.

Für den Übertragungsnetzbetreiber sei der Austausch mit den besten fachlichen Köpfen und engagierten Experten auf dem Gebiet des Vogelschutzes besonders wichtig, um auch weiterhin das eigene Vorgehen in den Projekten optimieren zu können. Nicht zuletzt solle von der Konferenz das Signal ausgehen, dass alle Beteiligten ihr Bestes geben, um die Energiewende im Einklang mit Natur- und Artenschutz voranzubringen.

II. Impulsvortrag von Eric Neuling, NABU

Aus Sicht des NABU stelle die Energiewende eine Herausforderung für alle gesellschaftlichen Akteure dar. Gleichwohl, so Eric Neuling, sei sie unentbehrlich in allen Energiebereichen, also auch bei der Effizienz und Einsparung, sowie neben Stromproduktion auch bei Verkehr, Wärme und Konsum. Dem NABU und anderen Naturschutzverbänden werde insbesondere abverlangt, eine Gewichtung zwischen Klimaschutz und Naturschutz bzgl. ihrer Dringlichkeit und Priorität vorzunehmen. Infrastrukturelle Veränderungen (Windräder, Straßen, Stromleitungen) in unserer Landschaft bedeuteten auch Auswirkungen auf die Natur: So veränderten sich Lebensstätten und leider auch das tatsächliche Lebensrisiko für Tiere. Ungestörte Rückzugsräume würden kleiner.

Im Siedlungsraum würde eine Großzahl von Vögeln Opfer von Hauskatzen oder sie fänden an Glasscheiben ihren Tod. Ihre Zahl sei um ein Vielfaches größer als die Zahl der Kollisionsopfer an Stromleitungen. Jedoch mache es populationsökologisch einen Unterschied, ob ein Schwarzstorch, von dem es nur knapp 1 000 Brutpaare mit ein bis zwei Nachkommen pro Jahr gebe, mit einer Freileitung kollidiere oder eine von einer Million Singdrosseln mit vielen Nachkommen, die an einer Glasfläche stürbe. Deshalb seien Stromleitungen ein spezifisches, aber sehr relevantes Risiko für bestimmte Arten.

Die Möglichkeiten beim Netzausbau für den Erhalt von Populationen und Artenvielfalt seien vielfältig (Trassenumfahrung, Ökologisches Schneisenmanagement, Erdkabel statt Freileitung, Mastdesign, Vogelschutzmarker) und flexibler einsetzbar als bspw. bei der Windenergieerzeugung. Diese planerische und technische Flexibilität solle von den ÜNB genutzt werden. Der NABU unterstütze gern dabei. Bei der Betrachtung der notwendigen Anpassungen der politischen Grundlagen und Zuständigkeiten würde der NABU sehr deutlich differenzieren. Nicht der ÜNB, sondern die Politik sei hier der Ansprechpartner für die NABU-Forderung der ergebnisoffenen Erdkabelprüfung bei jeder Netzausbauplanung auf der vorgelagerten Ebene, deren mögliche Umsetzung ausschließlich auf fachlichen Gründen basieren müsse.

Weiterhin führte Eric Neuling aus, dass Verbesserungen des Vogelschutzes im Bestandsnetz stärker adressiert werden müssten. Dort verlangten vor allem die derzeitigen Schutzgebietsausweisungen ein großes Engagement von den einzelnen Übertragungsnetzbetreibern, aber auch von regionalen Energieversorgern im Mittelspannungsbereich. Ein hohes Engagement der ÜNB sei diesbezüglich bei der „Renewables Grid Declaration", in der Projektumsetzung von BESTGRID, dem Vogelschutz und Ökologischen Schneisenmanagement bei Amprion und 50Hertz hervorzuheben. So werde u. a. das NABU-Projekt der Einführung einer bundesweiten Hotline „Vogelfund und Stromleitung" von allen ÜNB, so auch 50Hertz als RGI-Mitglied, unterstützt und mit wichtigen Impulsen bei der Konzeption begleitet.

III. Vortrag von Prof. Dr. Olaf Reidt, Rechtsanwalt und Fachanwalt für Verwaltungsrecht, Berlin/München

„Vogelschutz an Höchstspannungsfreileitungen – Methoden, Spielräume und Realisierbarkeit – Rechtliche Anforderungen an Methoden, Methodenfreiheit, Beurteilungsspielräume, Fachkonventionen"

Rechtsanwalt Prof. Olaf Reidt referierte zu den rechtlichen Anforderungen an Methoden, Methodenfreiheit, Beurteilungsspielräume und Fachkonventionen im Zusammenhang mit dem Vogelschutz an Höchstspannungsfreileitungen. Er erläuterte, dass Zulassungsentscheidungen grundsätzlich gerichtlich voll überprüfbar seien, jedoch die Rechtsprechung anerkenne, dass unbestimmte Rechtsbegriffe wegen der hohen Komplexität und der besonderen Dynamik der geregelten Materie so vage und ihre Konkretisierung im Nachvollzug der Verwaltungsentscheidung so schwierig seien, dass die gerichtliche Kontrolle an die Funktionsgrenzen der Rechtsprechung stoße. In solchen Fällen, und dazu gehörten insbesondere Prognoseentscheidungen oder Risikobewertungen im Bereich des Umweltrechts, stehe den Behörden ein gerichtlich nur eingeschränkt überprüfbarer Beurteilungsspielraum zu. Seinen Grund habe dies in der notwendigen Einbeziehung außerrechtlicher, naturschutzfachlicher Maßstäbe. Man könne hier auch von einer Methodenfreiheit der Behörden sprechen.

Dieser Beurteilungsspielraum oder die Methodenfreiheit fänden dort ihre Grenzen, wo es Standardmethoden oder Fachkonventionen gebe. Wann eine Fachkonvention vorliege, sei gesetzlich nicht geregelt und von der Rechtsprechung auch nicht exakt bestimmt. Für das Vorliegen von Fachkonventionen würde man regelmäßig verlangen, dass es im Vorfeld eine breite Beteiligung von Vertretern unterschiedlicher, vielfach sogar gegenläufiger, Interessen gegeben habe, dass eine hohe Fachkompetenz der Beteiligten (verfügbares Expertenwissen) vorliege und dass die Methode auf eine breite Anerkennung der fachlichen Maßstäbe über Interessengrenzen hinaus treffe. Gegen das Vorliegen einer Fachkonvention spreche, wenn sie in der Fachwelt umstritten sei, uneinheitlich angewandt und es regelhafte Abweichung von einer Methodik in zentralen Punkten gebe. Liege eine Fachkonvention vor, so verdränge sie grundsätzlich die Anwendbarkeit anderer Methoden und fordere stets eine sehr überzeugende Begründung, warum die Fachkonvention im spezifischen Fall nicht zur Anwendung komme. Hier bestehe ein rechtliches Risiko, dass Gerichte dem ggf. nicht folgten. Im Natura 2000-Recht gelten darüber hinaus hinsichtlich der Methodenanforderungen noch strengere Vorgaben als im Artenschutzrecht: Hier entfalle die Notwendigkeit einer Abweichungsprüfung nur, wenn aus wissenschaftlicher Sicht keine vernünftigen Zweifel am Ausbleiben erheblicher Auswirkungen bestünden.

Für diesen Gegenbeweis sei auch bei Fehlen von einschlägigen Fachkonventionen der beste Stand der Wissenschaft zu berücksichtigen, wobei allerdings Forschungsaufträge in einzelnen Vorhaben nicht zu vergeben seien. Die Auswahl einer bestimmten Methode müsse dabei nachvollziehbar begründet werden; es müsse allerdings selbst im Habitatschutzrecht nicht zwingend die strengste Methode sein („Methodenfreiheit"). Im Ergebnis empfehle sich stets eine nachvollziehbare, umweltfachliche Begründung des Vorgehens und zwar sowohl in Bezug auf das, was methodisch gemacht worden sei, als auch dessen, was methodisch nicht zugrunde gelegt wurde.

IV. Vortrag von Dipl.-Ing. Dirk Bernotat

„Bewertung von Kollisionsrisiken an Freileitungen i. R. des europäischen Arten- und Gebietsschutzes"

Dipl.-Ing. Dirk Bernotat (Bundesamt für Naturschutz) referierte zum Thema „Bewertung von Kollisionsrisiken an Freileitungen i. R. des europäischen Arten- und Gebietsschutzes". Er stellte die von ihm gemeinsam u. a. mit Dr. Dierschke entwickelte und mittlerweile in der 3. Fassung (2016) vorliegende BfN-Methodik zur Bewertung der Mortalitätsgefährdung wild lebender Tiere im Rahmen von Projekten und Eingriffen vor (vgl. Homepage des BfN unter: http://www.bfn.de/0306_eingriffe-toetungsverbot.html). Im Kern gehe es darum, den rechtlichen Maßstab der „erheblichen Beeinträchtigung" im Habitatschutzrecht (§ 34 Abs. 1 S. 1 BNatSchG) sowie der signifikanten Erhöhung des Tötungsrisikos (§ 44 Abs. 5 S. 1 Nr. 1 BNatSchG) umweltfachlich auszufüllen.

Die Methodik besteht aus verschiedenen aufeinander aufbauenden Modulen. In einem ersten Schritt wurden alle relevanten autökologischen und populationsbiologischen Parameter der einzelnen Arten (z. B. die natürliche Mortalitätsrate, das Lebensalter oder das Reproduktionspotenzial) in einem sog. Populationsbiologischen Sensitivitäts-Index (PSI) aggregiert. Daneben wurden im Naturschutzfachlichen Wert-Index (NWI) etablierte naturschutzfachliche Parameter zusammengeführt (z. B. Gefährdungsgrad nach Roter Liste oder Erhaltungszustand), welche die allgemeine Gefährdung und somit die Resilienz der Arten abbilden. Beides wurde schließlich über eine Matrix zu einem Mortalitäts-Gefährdungs-Index (MGI) aggregiert, der die allgemeine Empfindlichkeit bzw. Gefährdung einer Art gegenüber anthropogener Mortalität verdeutlicht.

In einem zweiten Schritt wurde das artspezifische Tötungsrisiko der Arten an verschiedenen Vorhabentypen basierend auf Totfundzahlen, Verhaltensparametern und Experteneinschätzungen berücksichtigt und mit dem MGI zu einem vorhabentypspezifischen Mortalitäts-Gefährdungs-Index (vMGI) aggregiert. Dieser gibt die spezielle Empfindlichkeit bzw. Mortalitätsgefährdung einer Art gegenüber einem bestimmten Anlagentyp wider.

In einem dritten Schritt wurde eine Methodik entwickelt, mit der über die Einbeziehung konkreter vorhaben- und raumbezogener Kriterien des Einzelfalls (z. B. betroffene Individuenzahl, Konfliktintensität des Vorhabens, räumlicher Abstand und Vermeidungsmaßnahmen) im sogenannten konstellationsspezifischen Risiko (KSR) konkrete Fälle nach einem einheitlichen Ansatz bewertet werden können. Am Ende würden vMGI und konstellationsspezifisches Risiko miteinander verschnitten. Hier gelte: „Je höher die vorhabentypspezifische Mortalitätsgefährdung einer Art, desto niedriger liegt die Schwelle des konstellationsspezifischen Risikos eines Vorhabens für die Verwirklichung gebiets- oder artenschutzrechtlicher Verbotstatbestände im jeweiligen Einzelfall".

Dirk Bernotat erläuterte, dass in der MGI-Methodik sieben Jahre Entwicklung und Abstimmung in Fachkreisen und zahlreichen Expertenrunden steckten und im Ergebnis ein europaweit wohl einzigartiger 460 Seiten starker Bericht entstanden sei. Es habe zwar keine explizite Abstimmung mit gesellschaftlichen Gruppen gegeben, ansonsten seien bei dieser Arbeitshilfe des BfN laut Dirk Bernotat aber die Anforderungen an eine Fachkonvention erfüllt.

Zur artspezifischen Wirksamkeit von Vogelmarkern laufe aktuell beim BfN ein F&E-Vorhaben. Zudem arbeite man beim BfN aktuell an der Ausdifferenzierung des konstellationsspezifischen Risikos mit Blick auf die verschiedenen Ausbauklassen bzw. technischen Varianten von Freileitungen.

V. Vortrag von Dipl.-Biol. Dr. Ulrich Mierwald
„Herausforderungen bei der planerischen Umsetzung von Anforderungen an den Vogelschutz"

Dr. Ulrich Mierwald referierte zum Thema „Herausforderungen bei der planerischen Umsetzung von Anforderungen an den Vogelschutz". Er erläuterte zunächst Ursachen, Vorkommen und Auswirkungen von Kollisionen von Vögeln mit Höchstspannungsleitungen. Die zentrale Schwierigkeit stelle aus seiner Sicht die Quantifizierung dar. Eine Quantifizierung von Risiken sei notwendig, aber gleichzeitig stoße sie an Grenzen der Methodik und der Datenbestände.

Daher komme es hier maßgeblich auch auf eine verbal-argumentative Begründung des Ergebnisses anhand der verwendeten Parameter an. Man dürfe nicht der „Magie der Zahl" erliegen. Analogieschlüsse seien, wenn fachlich sauber begründet, ein zentrales Mittel der Wahl. Er verwies insofern auf Rankingverfahren am Beispiel des F&E-Vorhabens „Vögel und Verkehrslärm". Dr. Mierwald ging auf einzelne noch ungeklärte Fragen ein, etwa auf die Frage der sogenannten Deltaprüfungen, also der Beschränkung der Prüfung auf zusätzliche Belastungen eines Ersatzneubaus gegenüber der zu ersetzenden Bestandsleitung. Zudem wies er auf Verwirrungen hin, die die EuGH-Entscheidung Moorburg mit Blick auf den Zeitrahmen für die Berücksichtigung von Kumulationsbetrachtungen gestiftet habe. Mit Blick auf die zuvor dargestellte Methode von Bernotat & Dierschke wies er auf die Diskussion um den Populationsbiologischen Sensitivitäts-Index (PSI) hin. Hier gingen nationale Bestandsgrößen und nationale Bestandstrends ein. Diese seien zwar artenschutzrechtlich, nicht aber gebietsschutzrechtlich (FFH- und Vogelschutzgebiete) relevant, und das könne zu einer anderen Bewertung und damit zu einem anderen Ergebnis führen. Die Frage der Zulässigkeit der Anwendung artenschutzrechtlicher Komponenten des PSI im Rahmen gebietsschutzrechtlicher Prüfung seien bisher rechtlich ungeklärt.

Dr. Mierwald vertrat die Auffassung, dass bei der arten- und gebietsschutzrechtlichen Prüfung von Vorhaben in Zweifelsfällen durchaus Ausnahmeprüfungen durchzuführen seien. Sie könnten im Übrigen auch die Glaubwürdigkeit des Vorgehens erhöhen, ganz im Gegenteil zu einem bisweilen in Vorhabenunterlagen anzutreffendem „Hinbiegen" von Beurteilungen, um jeden Verdacht von erheblichen Beeinträchtigungen oder signifikanten Tötungsrisiken bereits im Keim zu ersticken.

VI. Diskussionsrunde am Vormittag
(Zusammenfassung durch Dr. Christoph Ewen)

Die anschließende Diskussion zeigte, dass generell ein großer Bedarf an Standardisierung seitens Vorhabenträgern und Anwendern herrscht, und entsprechende Bemühungen u. a. des BfN wurden allgemein begrüßt.

Angemerkt wurde, dass sich die Redner Dr. Ulrich Mierwald und Dirk Bernotat darin einig waren, dass das konkrete Risiko im Hinblick auf die betroffenen Arten, das spezifische Vorhaben und die Region, in der das Vorhaben realisiert werden soll, zu ermitteln wäre. Gleichzeitig wurde deutlich, dass weitere Recherchen erforderlich sind.

Die BfN-Methode zur Mortalitätsgefährdung wurde unter verschiedenen Punkten diskutiert. Insbesondere die Kritik von Dr. Mierwald an der Verwendung artenschutzspezifischer Kriterien im PSI wurde im Publikum rege aufgegriffen. Es wurde zudem die Frage diskutiert, ob die aktuelle 3. Fassung der Methode die technischen Unterschiede verschiedener Freileitungen hinreichend berücksichtige. Hierzu wurde darauf verwiesen, dass Erkenntnisse von 110-kV- oder gar Mittelspannungs-Leitungen nicht ohne weiteres auf 380-kV-Leitungen übertragen werden könnten. Die Leiterseile bei 380-kV-Leitungen sind i. d. R. in Viererbündeln zusammengefasst und damit sehr viel besser sichtbar. Die Gefahr gehe daher regelmäßig von den dünneren und schwerer sichtbaren Erdseilen aus. Dies spiegle sich in der Methode im Rahmen des konstellationsspezifischen Risikos bislang noch nicht wider.

Dirk Bernotat wies diese Kritik zurück: Die Gefahr gehe gerade bei einigen Arten nicht nur von den Erdseilen aus. Teilweise wurde vorgetragen, dass die BfN-Methodik keine wirkliche Arbeitserleichterung bringt. Es gibt zu viele komplizierte Arbeitsschritte, und am Ende würde doch wieder verbal-argumentativ korrigiert, da die Kriterien für das konstellationsspezifische Risiko zu grob sind. Hier wäre das Helgoländer Papier deutlich einfacher handhabbar. Seitens des Referenten Dirk Bernotat wurde dazu ausgeführt, dass die Methode gar nicht den Anspruch hat, andere Methoden auszuschließen, sondern durch eine Standardisierung in erster Linie eine Erleichterung für Anwender, Behörden und Gerichte bringen soll. Dabei ist insbesondere der erste Teil, der auch in die FNN-Hinweise aus 2014 eingeflossen ist, sehr nah an einer Fachkonvention. Hier bringt vor allem die artspezifische Einstufung des Anprallrisikos Erleichterungen. Die Erleichterung liegt vor allem darin, dass man nicht mehr 337 Arten einzeln in jedem Vorhaben bewerten muss, sondern auf der innerhalb von sieben Jahren zusammengetragenen Erkenntnis der Methode aufbauen kann. Weitere Untersuchungen sind insoweit verzichtbar. Hingegen besteht auch aus Sicht des BfN beim zweiten Teil der Methode, dem konstellationsspezifischen Risiko, ein größerer Spielraum in der Anwendung. Hier kommt es verstärkt noch auf die Bewertungen der Umstände des Einzelfalls an.

Seitens einiger Teilnehmer wurde die Auffassung vertreten, dass das BfN-Papier methodisch sehr nah am Helgoländer Papier wäre und insoweit die im Publikum geäußerte Kritik der größeren Komplexität nur bedingt nachvollzogen werden kann. Diskutiert wurde auch die Anwendung des NWI am Beispiel zweier Unterarten der Saatgans, da der unterschiedliche NWI ein abweichendes Bewertungsergebnis hervorruft, obwohl populationsbiologische Parameter und individuelles Kollisionsrisiko vergleichbar sind.

Fazit der ersten Runde war, dass es wohl derzeit keine Methode im Bereich der Bewertung der Erheblichkeit bzw. Signifikanz im Bereich Kollisionsrisiko gibt, die insgesamt als Fachkonvention zu bezeichnen wäre und damit die Anwendung anderer oder ergänzender Methoden ausschließen würde. Referent Prof. Reidt machte auf Nachfrage deutlich, dass unter den für eine Fachkonvention zu beteiligenden gesellschaftlichen Gruppen nicht wahllose Vertreter der Zivilgesellschaft gemeint sind, sondern z. B. die anwendende Wirtschaft, die ebenfalls die Möglichkeit haben müsse, ihr Fachwissen in den Prozess einzubringen. Auch wenn das BfN als Naturschutzbehörde, mit den Worten von Dirk Bernotat, eine neutrale Instanz darstellt und damit bestens geeignet für die Erstellung einer glaubwürdigen Fachkonvention ist, so fehlt dieser Aspekt noch. Abschließend herrschte Einigkeit darin, dass es auch in einer schon so weit fortentwickelten Methode wie der des BfN eine regelmäßige Überprüfung geben muss und ausdrückliche Anpassungsmöglichkeiten enthalten sein sollen.

VII. Vortrag Dr. Klaus Richarz

„Vogelschutzmarkierungen – Status quo und FNN-Hinweis"

Dr. Klaus Richarz vom Bundesverband Wissenschaftlicher Vogelschutz gab zu Beginn einen kurzen Überblick über den Stand des Wissens zu Vogelschlag an Freileitungen sowie vor allem zu Maßnahmen, mit denen das Risiko minimiert werden könne. Seiner Einschätzung nach liege mit dem FNN-Hinweis bereits eine Fachkonvention vor, die auch mit gesellschaftlichen Gruppen einschließlich ÜNB diskutiert und abgestimmt wurde. Diese könne durchaus mit Hinweisen aus der Methode Bernotat & Dierschke ergänzt werden. Der FNN-Hinweis sehe eine zentrale Bedeutung bei Vogelschutzmarkierungen und kategorisiere Risikogruppen (Kombinationen von vorhandenen Arten und überspannten Lebensräumen) entsprechend danach, ob Markierungen verzichtbar, notwendig oder nicht ausreichend seien. Seiner Einschätzung nach seien schwarz-weiße Kunststoffstäbe („Zebras") besonders gut geeignet, da sie in der Natur vorkommende Kontraste an Vogelkörpern widerspiegeln. Es gebe eine Vielzahl von Studien zur Wirksamkeit von Markierungen, die sich aber jeweils nur auf bestimmte Arten bezögen. Übergreifende Angaben zu art- und markerspezifischen Wirksamkeiten ließen sich aus bestehenden Studien nicht exakt ableiten. Einzelne Studien zeigten für bestimmte Vogelarten Wirksamkeiten bestimmter Markertypen von über 90 Prozent. Auch wenn davon auszugehen sei, dass die Auswirkungen von Freileitungen in vielen Fällen deutlich gemindert werden können, könne eine universelle Wirksamkeit jedoch keinesfalls konstatiert werden. Trotz aller technischer Minimierungsmaßnahmen blieben u. U. Gebiete übrig, für die ein Freileitungsbau aus Artenschutzgründen nicht infrage komme.

VIII. Vortrag von Dipl.-Biol. Dr. Beate Kalz
„Studie zur Wirksamkeit unterschiedlicher Vogelschutzmarkierungen"

Dr. Beate Kalz, Büro für Tierökologie, berichtete über eine Untersuchung aus der Praxis zur Ermittlung des Kollisionsrisikos an einem 2,4 Kilometer langen Trassenabschnitt im Nationalpark Unteres Odertal. Ausgewählt wurde ein Gebiet mit intensivem Vogelzug und mit unterschiedlichem Bewuchs (Wald, unbewirtschaftetes und bewirtschaftetes Grünland).

Um einen realistischen Überblick über die Zahl der getöteten Vögel zu erhalten, müsse man die Wahrscheinlichkeit des Auffindens toter Vögel korrekt abschätzen. Hier gingen zwei Faktoren ein: zum einen die Abtragerate, das heißt, der Anteil von toten Vögeln, die von Aasfressern abgetragen und nicht mehr gefunden würden. Zum anderen die Sucheffizienz, das heißt, der Anteil der tatsächlich aufgefundenen toten Tiere.

Die Anflugopferrate wurde in der Studie unter Berücksichtigung der vorgenannten Faktoren mithilfe einer Formel nach STEIN ermittelt. Dabei zeigte sich im Vergleich des Zeitraums ohne Vogelschutzmarker zum Zeitraum mit Spiralmarkern bzw. Klappenmarkern ein Rückgang auf ein Viertel (201 auf 57 bzw. 56 Kollisionsopfer).

IX. Gespräch mit Elmar Nasse

Hinsichtlich des Arten- und Gebietsschutzes vollzieht sich die Geschäftstätigkeit des ÜNB 50Hertz in besonders sensiblen Regionen. Elmar Nasse, Naturschutzfach-Experte bei 50Hertz, erläuterte, wie diese Besonderheiten in den Projekten aufgegriffen würden. So werde der Vogelschutz bereits zur Abschichtung von zur Auswahl stehenden Trassenkorridoren in der Bundesfachplanung berücksichtigt und hierdurch signifikante Kollisionsrisiken vermieden. Dies erfolge unter Berücksichtigung besonderer ornithologischer Konfliktbereiche, z. B. von Konzentrationsräumen rastender nordischer Gänse und Kraniche im Umfeld ihrer Schlafgewässer. Verbleibende Korridore würden ausführlich naturschutzfachlich bewertet. Für den Fall noch vorhandener signifikanter Kollisionsrisiken im Zuge der naturschutzfachlichen Bewertung der verbleibenden Korridore seien weitere Vermeidungsmaßnahmen, z. B. das Anbringen von Vogelschutzmarkern, erforderlich. Zur Beurteilung der Wirksamkeit von Vogelschutzmarkern würde seitens 50Hertz eine umfangreiche Studie auf Basis von Literaturrecherchen und Analogieschlüssen erstellt. Entweder könne dabei eine artspezifisch oder artgruppenspezifische hohe Wirksamkeit belegt oder anhand morphologischer Aspekte und des Flugverhaltens Analogieschlüsse zur Wirksamkeit von Vogelschutzmarkern gezogen werden. Seien weder über die Literaturrecherche noch über Analogieschlüsse Aussagen ableitbar, werde auf Basis eines worst-case-Ansatzes vorsorglich von einer nur geringen Wirksamkeit ausgegangen.

Verblieben trotz aller Anstrengungen zur Findung einer konfliktarmen Trasse und unter Ausnutzung sämtlicher Vermeidungsmaßnahmen selbst für die Vorzugsvariante ein artenschutzrechtliches Verbot oder eine erhebliche Beeinträchtigung eines NATURA 2000-Gebiets, würde eine Ausnahme- oder Abweichungsprüfung durchgeführt. Eine solche Prüfung beinhalte spezielle Kompensationsmaßnahmen zur Etablierung geeigneter Lebensräume für die betroffenen Vogelarten.

X. Diskussionsrunde am Nachmittag
(Zusammenfassung durch Dr. Christoph Ewen)

Diskutiert wurde die Zulässigkeit der sog. Deltaprüfung. Hierbei ging es um die Frage, ob bei einem Ersatzneubau die Auswirkungsbetrachtung insbesondere auf die Mehrlängen der Traverse, die Differenz höherer Masten gegenüber der Bestandsleitung oder größere Mastfundamente beschränkt werden darf oder ob das Vorhaben zunächst wie ein Neubau zu betrachten ist und erst im zweiten Schritt über eine Betrachtung der Vorbelastung die Auswirkungen ggf. geringer eingestuft werden könnten. Es wurde angemerkt, dass die BfN-Methodik sich zu dieser Frage nicht ausdrücklich äußere, allerdings würde gemäß Dirk Bernotat durch die beim Ersatzneubau gegenüber einem Neubau angenommene reduzierte Konfliktintensität des Vorhabens de facto eine Vollprüfung unter Berücksichtigung des Rückbaus der vorhandenen Leitung als Minderungsmaßnahme durchgeführt. Rechtlich wurde in der Konferenz deutlich, dass die Frage noch ungeklärt ist. Einerseits wurde unter Hinweis auf die Entscheidung des BVerwG zur Elbvertiefung, dort die Unterhaltungsbaggerung, vertreten, dass eine reine Deltabetrachtung unzulässig ist. Andererseits wurde vertreten, dass eine Deltabetrachtung generell möglich ist, da am Ende dieselben Populationen betroffen sind und man auch dem Artenschutzrecht, jedenfalls mittelbar über die Betrachtung des allgemeinen Lebensrisikos, einen populationsbezogenen Ansatz entnehmen kann. Eine vermittelnde Meinung sah die Deltabetrachtung im FFH-Recht aufgrund des populationsbezogenen Verschlechterungsverbots als zulässig an, während sie im individuenbezogenen Artenschutz unzulässig ist. Diese Frage bleibe also in den Vorhaben in der Praxis mit Risiken behaftet.

Diskutiert wurde auch die Entscheidung des EuGH zu Moorburg und die Aussage, dass auch solche Anlagen in die Kumulationsprüfung einzubeziehen sind, die vor Ausweisung des Schutzgebiets errichtet wurden. Hier scheint es nach Auffassung verschiedener Teilnehmer inhaltlich gar keinen so großen Unterschied zu geben. Auch nach der deutschen Rechtsprechung sind Vorbelastungen, auch wenn sie nicht schutzmindernd wirkten, in die Betrachtung einzubeziehen, sie würden hier nur nicht unter dem Titel Kumulation betrachtet. Allerdings besteht das Risiko, dass nicht nachgewiesen werden kann, dass die Vorbelastung bereits in die Schutzgebietsverordnung und den Erhaltungszustand der Arten „eingepreist" wurde. Auch dies bleibt als Risiko für die Verfahren bestehen.

Auch am Nachmittag wurde in der Referentenrunde noch einmal das Thema BfN-Methodik und Fachkonvention aufgegriffen. Hier wurden die Referenten explizit befragt, ob sie der Meinung sind, es läge bereits eine Fachkonvention vor. Dabei wurde noch einmal deutlich, dass eine Fachkonvention weitestgehend als sinnvoll erachtet wurde.

Die Hoffnung, dass dadurch die Arbeit des Erstellens und des Lesens umfänglicher Gutachten erleichtert würde, erfuhr allerdings einen Dämpfer. Wichtiger ist es zu klären, wie man mit fachlich offenen Fragen umgehen soll. Sicherlich kann es, so Prof. Reidt, nicht Aufgabe des Vorhabenträgers bzw. seiner Gutachter sein, umfassende Forschungsvorhaben durchzuführen, um Wissenslücken im Antragsverfahren zu schließen. Gerichte könnten keine fachlichen Dissense klären – hier kommt es darauf an, dass die überwiegende fachliche Meinung hinter einem bestimmten Vorgehen stehe. Allerdings fehlt es nach Auffassung von Dr. Mierwald bei verschiedenen Fragen noch genau an diesem Konsens. Dr. Kalz wies darauf hin, dass Analogieschlüsse der Arten kritisch sind, da Wissenslücken dadurch nur scheinbar geschlossen würden. Dr. Richarz verwies insofern auf den FNN-Hinweis und die Einarbeitung der Freileitungsaussagen dort: Der FNN-Hinweis kann das richtige Forum sein, um mit allen Betroffenen so ins Gespräch zu kommen, dass am Ende tatsächlich eine allgemein anerkannte Fachkonvention stehen kann. Prof. Reidt unterstrich die Anforderung an allgemeine Methoden, transparent, schlüssig und funktionsgerecht sein zu müssen. Dann überlebe ihre Anwendung im Gerichtsverfahren. Insofern ist es zentral, das Vorgehen naturschutzfachlich zu begründen und auch das zu begründen, was man methodisch nicht gemacht habe (Alternativmethoden), ohne dass es dazu stets umfassender Abhandlungen bedarf.

Er äußerte angesichts der hiesigen Diskussion Zweifel am Sprung der BfN-Methodik zur Fachkonvention; offenbar steht ein übergreifender Konsens zur Gesamtmethodik noch aus. Somit wäre die Anwendung anderer Methoden nicht ausgeschlossen. Dirk Bernotat stellte klar, dass das BfN mit der vorgestellten Methode keinen Anspruch des Verdrängens anderer Methoden verfolgt. Eine parallele Anwendung verschiedener Leitfäden ist vielmehr sinnvoll und zulässig, gerade auch der Länder-Leitfäden. Allerdings ist der Weg der Methode zur Fachkonvention schon recht weit: So verwies er auf den langen und breiten Abstimmungsablauf, auf die Neutralität des BfN als Ersteller, eine Anforderung, die in jüngsten Veröffentlichungen, z. B. von Dr. Bick, Richterin am Bundesverwaltungsgericht, gerade gefordert würden, und auf umfassende Beteiligungen der Fachwelt, z. B. im Rahmen mehrerer Fachkonferenzen auf der Insel Vilm u. a. Schließlich werde die Methodik auch schon breit in der Praxis angewandt. Letztlich habe die Anwendung eines solchen Regelwerks unbestreitbaren arbeitserleichternden Vorteil. Auch wenn das BfN sich laut Dirk Bernotat in seiner Rolle als Träger öffentlicher Belange im Genehmigungsverfahren im Zuge der Prüfung von Antragsunterlagen auf die eigene Vorgehensweise zur Beurteilung des Risikos bezieht, besteht laut Prof. Reidt aus rechtlicher Sicht derzeit Methodenfreiheit. Aus dem Publikum wurde diesbezüglich noch der Vorschlag eingebracht, in dem BfN-Papier klarer aufzunehmen, an welchen Stellen auch aus Sicht des BfN die Ergänzung der Methode um vorhabenspezifische und regionale Bewertungen und Erkenntnisse zulässig oder sogar notwendig ist.

XI. Zusammenfassung und Ausblick (Dr. Christoph Ewen)

Die Fachvorträge und Diskussion der 50Hertz-Konferenz waren getragen von einem hohen fachlichen Niveau. Alle Beteiligten zeigten ein großes Interesse daran, die beiden – sich teilweise gegenseitig beeinflussenden – Ziele des Vogelschutzes und der Energiewende in einer optimalen Weise zu verknüpfen. Angesichts der komplexen rechtlichen und naturschutzfachlichen Materie ist das nicht trivial. Gleichzeitig sollte bedacht werden, dass man die Relevanz der Freileitungen im Vergleich zu anderen Kollisionsursachen im Blick haben sollte, die aufgrund anderer Zuständigkeiten oder anderer Rechtsgrundlagen einem sehr viel weniger ausgefeilten Schutzregime gegenüberstehen. Denn Freileitungen sind im Vergleich zum Autoverkehr und zu Glasfronten quantitativ nicht die relevantesten Verursacher von Kollisionsopfern, aber in bestimmten Gebieten und für bestimmte Arten ein Risiko, für dessen Prognose im Genehmigungsverfahren Vorgehensweisen gefunden werden müssen, die gleichzeitig fachlich belastbar und akzeptiert, in der Praxis durchführbar, verständlich und vollständig sind sowie am Ende transparent dokumentiert werden.

Im Laufe des Konferenz-Tages ist deutlich geworden, dass mit FNN-Hinweis und der Vorgehensweise nach Bernotat & Dierschke erste Schritte für eine Standardisierung vorliegen. Daran muss unbedingt weitergearbeitet werden – mit dem Blick dafür, bei allem Bemühen nach Standardisierung genügend Offenheit zu erhalten, damit einerseits alle Beteiligten Sicherheit hätten, andererseits genügend Spielräume für kluge und innovative „Einzelgänge" sowie für die Berücksichtigung neuer Erkenntnisse bestehen.

Ein Konsens im Hinblick auf eine fachlich richtige und rechtlich sichere Vorgehensweise kann zum aktuellen Zeitpunkt nicht konstatiert werden. Es bestünden Spielräume für die Methodenwahl – wobei es am Ende bei Vorliegen unterschiedlicher Methoden darauf ankommen wird, zu klären und zu dokumentieren, aus welchen Gründen man sich für die jeweilige Methode entschieden hat und warum diese ggf. zu Ergebnissen führt, die sich von denen einer anderen Methodik unterscheiden. Die zu wählende Methode muss nicht notwendig die stringenteste sein. Sie kann sowohl quantitative Einschätzungen, Analogieschlüsse als auch verbal-argumentative Elemente enthalten. Solange noch kein Konsens über eine Methode herrscht, kann diese auch nicht als zwingend zu verwendende Fachkonvention bezeichnet werden.

Insofern waren sich die Teilnehmenden am Ende einig, dass über alle Prüfschritte hinweg, und gerade im Bereich der Bewertung des konstellationsspezifischen Risikos ein vorhabenspezifischer Spielraum besteht, der durch raum- und vorhabenkonkrete Angaben gefüllt werden kann. Auch hier gelte das Erfordernis der transparenten, nachvollziehbaren und schlüssigen Begründung.

FACHKONFERENZ

Vogelschutz an Höchstspannungsfreileitungen –
Methoden, Spielräume und Realisierbarkeit

REDEKER | SELLNER | DAHS

Rechtsanwalt und Fachanwalt für Verwaltungsrecht Prof. Dr. Olaf Reidt, Berlin/München

Rechtliche Anforderungen an Methoden, Methodenfreiheit, Beurteilungsspielräume, Fachkonventionen

I. STRUKTUR FACHBEHÖRDLICHER ENTSCHEIDUNGEN

1. Tatbestandsvoraussetzungen
2. Rechtsfolge:
   - Gebundene Entscheidung
   - Ermessen oder
   - (insbesondere im Planungsrecht) Abwägungsentscheidung
3. Unbestimmte Rechtsbegriffe, in der Regel auf Tatbestandsseite (z. B. Stören, Verschlechtern oder auch bei Ableitung aus der gesetzlichen Regelungssystematik, also ohne ausdrückliche Gesetzesformulierung, „Erhöhung des Tötungsrisikos in signifikanter Weise")

II. GERICHTLICHE KONTROLLE

1. Behördliche Ermessensentscheidungen:
   gesetzliche Grenzen des Ermessens, zweckentsprechender Gebrauch (§ 114 VwGO)
2. Planerische Abwägung:
   ordnungsgemäße Zusammenstellung des Abwägungsmaterials, Vertretbarkeit der Entscheidung
3. Tatbestandsvoraussetzungen von Zulassungsnormen:
   - Im Grundsatz **volle gerichtliche Überprüfung**
   - **Häufiges Problem:** Komplexität der Begriffe, fehlende Nachvollziehbarkeit der Situation (z. B. Bewertung mündlicher Prüfungen)
   - Gleichwohl aufgrund der Gesetzesgebundenheit der Verwaltung **nur enge Ausnahmen** von der gerichtlichen Vollkontrolle, wenn sie ausdrücklich gesetzlich eingeräumt sind oder der Behörde ein eigener „begrenzter Entscheidungsfreiraum" eingeräumt wird (Beurteilungsspielraum, Entscheidungsprärogative), weil „unbestimmte Rechtsbegriffe wegen der hohen Komplexität und der besonderen Dynamik der geregelten Materie so vage und ihre Konkretisierung im Nachvollzug der Verwaltungsentscheidung so schwierig sind, dass die gerichtliche Kontrolle an die Funktionsgrenzen der Rechtsprechung stößt." (BVerfGE 84, 34/50)
   - Beurteilungsspielräume sind anerkannt, insbesondere bei
     - Prüfungsentscheidungen
     - Beamtenrechtlichen Beurteilungen
     - Entscheidungen wertender Art durch weisungsfreie Ausschüsse
     - **Prognoseentscheidungen** oder Risikobewertungen vor allem im **Bereich des Umweltrechts.**

III. BEURTEILUNGSSPIELRAUM, FACHKONVENTION

1. Grenzen gerichtlicher Kontrollmöglichkeiten
   - Prognoseentscheidungen und Risikobewertungen im Bereich des Umweltrechts, insbesondere aufgrund der notwendigen Einbeziehung **außerrechtlicher, naturschutzfachlicher Maßstäbe**
   - Typischer Anlass: sachliche Erkenntnislücken, methodische Unsicherheiten, keine einheitliche Meinung als Stand der Wissenschaft
   - Folge: i. d. R. Zurücknahme der gerichtlichen Kontrolldichte zugunsten der Behörde.

2. Reichweite des behördlichen Beurteilungsspielraums:
   - „Der Umstand, dass es derzeit noch keine anerkannte Standardmethode gibt, erweitert den Spielraum der Behörde bei der Entwicklung einer eigenen, fallbezogenen Methode. Er befreit aber nicht davon, diese Methode transparent, funktionsgerecht und in sich schlüssig auszugestalten." (BVerwG, Beschluss vom 02.10.2014, 7 A 14.12, DVBl. 2015, 95, Rn. 6)
   - „Dieser Ansatz mag wegen seines Maßnahmenbezugs Schwächen aufweisen. Überlegene Standardmethoden haben die Kläger aber nicht aufgezeigt. Ihr Vorbringen, es gebe ein ‚bundesweites anerkanntes einheitliches Verfahren', haben sie nicht weiter untersetzt." (BVerwG, Urteil vom 09.02.2017, 7 A 2.15, Rn. 494)
   - Überschritten ist ein behördlicher Beurteilungsspielraum erst dann, wenn die Annahme der „Behörde fachlich nicht mehr vertretbar ist, weil sich in der Wissenschaft die gegenteilige Meinung als Stand der Wissenschaft durchgesetzt hat." (BVerwG, Urteil vom 28.04.2016, 9 A 9/15, NVwZ 2016, 1710, Rn. 144)
   - **Fazit:** Bei dem Fehlen einer anerkannten Standardmethode weitgehende „Methodenfreiheit"!

3. Im Habitatschutz teilweise strengere Anforderungen
   - Notwendigkeit einer Abweichungsprüfung entfällt nur, wenn aus wissenschaftlicher Sicht keine vernünftigen Zweifel am Ausbleiben erheblicher Auswirkungen bestehen
   - Für diesen Gegenbeweis ist auch bei Fehlen von einschlägigen Fachkonventionen der beste Stand der Wissenschaft zu berücksichtigen
   - Die **Auswahl** einer bestimmten Methode muss dabei **nachvollziehbar begründet** werden; es muss allerdings selbst im Habitatschutz nicht zwingend die strengste Methode sein („Methodenfreiheit")
   - Nicht ausräumbare wissenschaftliche Unsicherheiten **(Wissenslücke)** erfordern keine Forschungsaufträge in einem konkreten Planungs- oder Zulassungsverfahren; ihnen kann mit einem wirksamen Risikomanagement oder einer sonstigen Herangehensweise, die eindeutig „auf der sicheren Seite" liegt (insbes. Analogiebildungen, Wahrunterstellungen, worst-case-Betrachtungen) und daher erhebliche Beeinträchtigungen sicher ausschließt, begegnet werden (s. insbes. BVerwG, Urteil vom 17.01.2007, 9 A 20.05, BVerwGE 128, 1, Rn. 64 f, 109)
   - Nur wenn auch dies nicht weiterhilft, bedarf es einer Abweichungsprüfung.

FACHKONFERENZ
Vogelschutz an Höchstspannungsfreileitungen

4. Begrenzung des behördlichen Entscheidungsspielraums durch Standardmethoden/Fachkonventionen
    - Der nur auf Vertretbarkeit der Entscheidung hin überprüfbare behördliche Beurteilungsspielraum (und auch der strengere Maßstab im Habitatschutzrecht) wird durch eine Überprüfung ersetzt, ob die Anforderungen einer etablierten **Standardmethode/Fachkonvention eingehalten** sind
    - Es reicht dann für die Wahl einer anderen Methode als Rechtfertigung nicht mehr, dass eine fachlich vertretbare Auffassung nicht besser oder schlechter ist als die andere
    - Abweichungen von der Standardmethode/Fachkonvention bedürfen dann einer plausiblen Begründung.
5. Wann liegt eine die behördliche Entscheidungsmöglichkeit verdrängende Standardmethode/Fachkonvention vor?
    - Keine normative Regelung, keine detaillierten Vorgaben in der Rechtsprechung
    - Gewisse Anhaltspunkte in §§ 48, 51 BImSchG zum Erlass von allgemeinen Verwaltungsvorschriften, insbesondere der TA Lärm und der TA Luft
      § 51 BImSchG Anhörung beteiligter Kreise:
      „Soweit Ermächtigungen zum Erlass von Rechtsverordnungen und allgemeine Verwaltungsvorschriften die Anhörung der beteiligten Kreise vorschreiben, ist ein jeweils auszuwählender Kreis von Vertretern der Wissenschaft, der Betroffenen, der beteiligten Wirtschaft, des beteiligten Verkehrswesens und der für den Immissionsschutz zuständigen obersten Landesbehörde zu hören."
    - Die **Anforderungen** sind in der Regel **nicht inhaltlicher Natur** (weil das Gericht zumeist gar nicht selbst aus eigener Kompetenz bewerten kann, welche fachliche Auffassung vorzugswürdig ist)
    - Aber: **nur Ausführung** gesetzlicher Bestimmungen, keine Fachkonvention, die vom Gesetz abweicht

    Es geht in der Regel eher um **eine verfahrensmäßige Qualifizierung**

    Für eine Fachkonvention spricht:
    - Breite Beteiligung von Vertretern unterschiedlicher, vielfach sogar gegenläufiger, Interessen
    - Hohe Fachkompetenz der Beteiligten (verfügbares Expertenwissen)
    - Breite Anerkennung der fachlichen Maßstäbe über Interessengrenzen hinaus

    Gegen eine Fachkonvention spricht:
    - Umstrittenheit in der Fachwelt
    - Uneinheitliche Anwendung einer Methodik
    - Regelhafte Abweichung von einer Methodik in zentralen Punkten

Offene Fragen:

Kann es zu einem Thema **mehrere Fachkonventionen** geben? Eher nein, wohl aber allgemeinere und speziellere Konventionen oder Fälle, die von der Konvention (bewusst oder unbewusst) nicht erfasst werden.

Aktuelle Literatur insbesondere aus dem Blickwinkel des Habitat- und Artenschutzrechts:

Bick/Wulfert, Der Artenschutz in der Vorhabenzulassung aus rechtlicher und naturschutzfachlicher Sicht, NVwZ 2017, 346 ff.

Storost, Erforderlichkeit von Fachkonventionen für die arten- und gebietsschutzrechtliche Prüfung aus verwaltungsrichterlicher Sicht, UPR 2015, 47 ff.

FACHKONFERENZ

Vogelschutz an Höchstspannungsfreileitungen –
Methoden, Spielräume und Realisierbarkeit

Dipl.-Ing. Dirk Bernotat
Leiter Fachgebiet II 4.2
Eingriffsregelung, Verkehrswegeplanung

**Bewertung von Kollisionsrisiken an Freileitungen
i. R. des europäischen Arten- und Gebietsschutzes**

FACHKONFERENZ
Vogelschutz an Höchstspannungsfreileitungen

I. RECHTLICHER ANWENDUNGSRAHMEN

1. **Gebietsschutz/FFH-VP nach § 34 BNatSchG**
   - Bei welchen im Gebiet nach den Erhaltungszielen geschützten Arten können einzelne Individuenverluste zu einer „erheblichen Beeinträchtigung" der Gebietsbestände führen?
   - Wie lässt sich die projektbedingte Mortalität eines Vorhabens im Hinblick auf die betroffenen Arten bewerten?
   - Viele Analogien zur Bewertung von Mortalität an WEA möglich
   - Vermeidung von Konflikten durch Berücksichtigung der Natura 2000-Gebietskulisse auf der vorgelagerten Ebene

2. **Artenschutzrechtliches Tötungsverbot**
   - Herausforderung: Wortlaut des § 44 Abs. 1 Nr. 1 hat Individuenbezug („Tiere verletzen/töten")
   - Auslegung BVerwG: (BVerwG, 12.08.2008, 9 A 3.06, Rn. 219f.) durch sog. Signifikanzansatz:
     bei unvermeidbaren (!) Tierkollisionen i. R. von Eingriffen zählt nicht zwingend jedes Individuum, sondern die
     - „Signifikante Erhöhung" der Mortalität (> allg. Lebensrisiko)
   - Herausforderungen für die Praxis:
     - Was ist bei welcher Art eine „signifikante Erhöhung" des Tötungsrisikos?
     - Umgang mit Ubiquisten bei Vögeln in Planungen, da formalrechtlich alle gleich geschützt?
   - Großer Bedarf an methodischen Hinweisen

BFN-METHODIK VON BERNOTAT & DIERSCHKE (2016): ÜBERGEORDNETE KRITERIEN ZUR BEWERTUNG DER MORTALITÄT WILD LEBENDER TIERE IM RAHMEN VON PROJEKTEN UND EINGRIFFEN

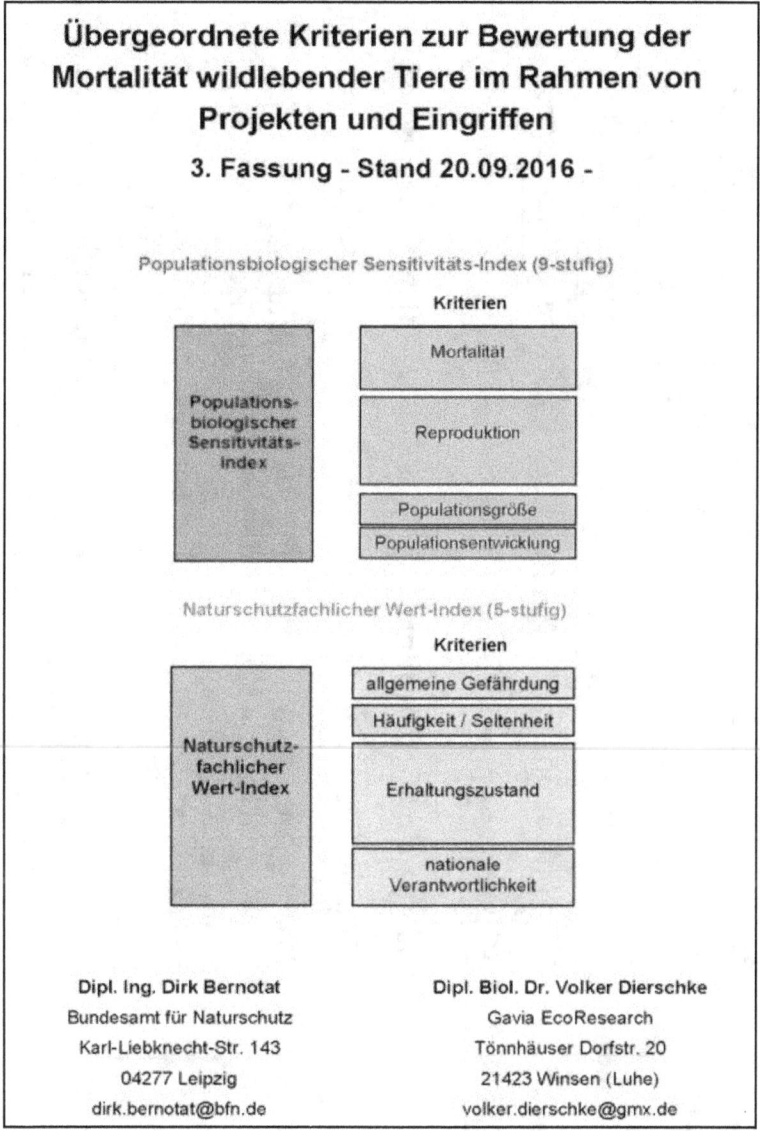

- Novellierung des BNatSchG § 44 Abs. 5 neu:
  - „Signifikanzansatz" des BVerwG wird rechtlich verankert
- Begründung zur Novellierung (S. 16f.):
  - „Die Bewertung (...) erfordert eine Berücksichtigung verschiedener projekt- und artbezogener Kriterien sowie weiterer naturschutzfachlicher Parameter. Die erarbeiteten Konzepte zur Bewertung der Mortalität wild lebender Tiere sowie für die Vermeidbarkeit von Beeinträchtigungen sollen praxisbezogen weiterentwickelt werden."

FACHKONFERENZ
Vogelschutz an Höchstspannungsfreileitungen

II. OPERATIONALISIERUNG DER ARTSPEZIFISCHEN MORTALITÄTS-GEFÄHRDUNG (MGI)

Bewertungsindices	Kriterien	Parameter / Indikatoren
Populationsbiologischer Sensitivitäts-Index (PSI)	Mortalität	Mortalitätsrate Alttiere
		Lebensalter
	Reproduktion	Alter bei Eintritt in Reproduktion
		Reproduktionspotenzial
		Reproduktionsrate
	Populationsgröße	nationale Bestandsgröße
	Populationsentwicklung	nationaler Bestandstrend
Naturschutzfachlicher Wert-Index (NWI)	allgemeine Gefährdung	Einstufung nationale Rote Liste
	Häufigkeit / Seltenheit	Häufigkeitsklassen (nach Roter Liste)
	Erhaltungszustand	Erhaltungszustand der 3 biogeografischen Regionen in D. bzw. Anteil Gefährdung in Landes-RL (Brutvögel) bzw. Rote Liste Europa (Gastvögel)
	nationale Verantwortlichkeit	Nat. Verantwortlichkeit (Gruttke 2004) bzw. Gefährdung in Europa / Welt (SPEC) (Vögel)

Dipl.-Ing. Dirk Bernotat, BfN

MORTALITÄTS-GEFÄHRDUNGS-INDEX (MGI) VON BRUTVÖGELN (BEISPIELE)

Mortalitäts-Gefährdungs-Index (MGI) von Brutvögeln (Beispiele)

	Populationsbiologischer Sensitivitäts-Index (PSI)				
	1	2	3	4	5
	Naturschutzfachlicher-Wert-Index (NWI)				
1	Steinadler, (Gänsegeier, Bartgeier)	Eissturmvogel, Tordalk			
2	Schreiadler, Großtrappe, Großer Brachvogel	Basstölpel, Brandseeschwalbe	Seeadler, Kranich, Küstenseeschwalbe	Austernfischer, Silbermöwe	
3	Auerhuhn, Sumpfohreule, Große Rohrdommel	Schwarzstorch, Weißstorch, Kiebitz	Rotmilan, Schwarzmilan, Wanderfalke, Sturmmöwe	Kormoran, Graureiher, Heringsmöwe, Saatkrähe	Mäusebussard, Mauersegler
4	Birkhuhn, Zwergdommel, Bekassine, Seggenrohrsänger	Löffelente, Gänsesäger, Haselhuhn, Rotschenkel	Kolbenente, Schwarzhalstaucher, Waldwasserläufer	Graugans, Reiherente, Teichhuhn, Dohle	Ringeltaube, Elster, Rabenkrähe, Misteldrossel
5	Steinhuhn, Wachtelkönig, Tüpfelsumpfhuhn, Kleines Sumpfhuhn, Steinschmätzer	Rebhuhn, Halsbandschnäpper, Braunkehlchen, Grauammer, Zaunammer	Wachtel, Schleiereule, Schilfrohrsänger, Drosselrohrsänger, Sperbergrasmücke	Hohltaube, Neuntöter, Wasseramsel, Blaukehlchen,	Stockente, Amsel, Wacholderdrossel, Buchfink, Star, Kohlmeise, Rotkehlchen
6					Zilpzalp, Wintergoldhähnchen, Sommergoldhähnchen, Zaunkönig
7					
8					
9					

III. VORHABENTYPSPEZIFISCHE MORTALITÄTSGEFÄHRDUNG (vMGI)

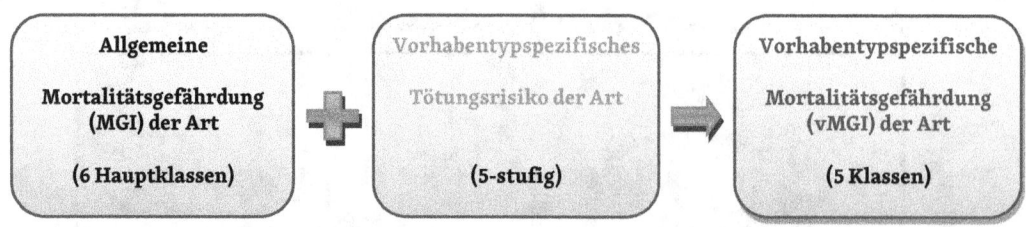

VORHABENTYPSPEZIFISCHES TÖTUNGSRISIKO DER ARTEN

- **Operationalisierung des Tötungsrisikos anhand fachlicher Kriterien:**
  - Totfundzahlen Deutschland + EU
    - Umfangreiche Recherche => nationale + internationale Veröffentlichungen
    - z. B. Schlagopferdatei LUGV BB zu WEA
    - + Plausibilitäts-Korrektur in Abhängigkeit von Häufigkeit der Art in D.
  - Parameter zu Biologie, Ökologie bzw. Verhalten, z. B.:
    - Flughöhe, Flug-/Manövrierfähigkeit, Strukturgebundenheit beim Flug, Mobilität
    - Flügelspannweite, Größe (=> z. B. Stromtod)
    - Attraktionsneigung (Aas an Straßen bei best. Greifvögeln, Straßenlaternen bei best. Fledermausarten, Habitatnutzung von Masten)
    - Fische: z. B. Wandertyp, Körperlänge/Mobilität
  - Veröffentlichte Einschätzungen in Leitfäden/Fachpublikationen
    - z. T. widersprüchlich, z. T. nur selektives Artenspektrum
  - Eigene Bewertung und Einstufung der Arten in 5 Risikoklassen
    - z. B. bei Freileitungskollision für 337 Arten

Dipl.-Ing. Dirk Bernotat, BfN

MORTALITÄTSGEFÄHRDUNG VON ARTEN AN BEST. VORHABENTYPEN

		Mortalitäts-Gefährdungs-Index (MGI) der Arten				
Einstufung des vorhabentypspezifischen Tötungsrisikos der Arten		1 sehr hoch	2 hoch	3 mittel	4 gering	5 sehr gering
	I.1	A.1	A.2	A.3	A.4	B.5
	I.2	A.2	A.3	A.4	B.5	B.6
	I.3	A.3	A.4	B.5	B.6	C.7
	II.4	A.4	B.5	B.6	C.7	C.8
	II.5	B.5	B.6	C.7	C.8	C.9
	III.6	B.6	C.7	C.8	C.9	D.10
	III.7	C.7	C.8	C.9	D.10	D.11
	IV.8	C.8	C.9	D.10	D.11	D.12
	IV.9	C.9	D.10	D.11	D.12	E.13
	V.10	D.10	D.11	D.12	E.13	E.14
	V.11	D.11	D.12	E.13	E.14	E.15
	VI.12	D.12	E.13	E.14	E.15	E.16
	VI.13	E.13	E.14	E.15	E.16	E.17

Tab. ***: Klassen der vorhabentypspezifischen Mortalitätsgefährdung.

Klasse	A (sehr hoch)	B (hoch)	C (mittel)	D (gering)	E (sehr gering)
Unterklasse	A.1 – A.4	B.5 – B.6	C.7 C.8 C.9	D.10 D.11 D.12	E.13 – E.17
Bedeutung der Mortalität von Individuen	sehr hoch	hoch	mittel	gering	sehr gering

FACHKONFERENZ
Vogelschutz an Höchstspannungsfreileitungen

MORTALITÄTSGEFÄHRDUNG V. BRUTVÖGELN AN FREILEITUNGEN (AUS MGI UND KOLLISIONSRISIKO)

	Einstufung des Tötungsrisikos von Brutvögeln an Freileitungen durch Kollision (Auswahl) (basierend auf gewerteten Totfunddaten, Verhaltensparametern, veröff. Risikoeinstufungen u. eigen. Einschätzungen)	Mortalitäts-Gefährdungs-Index (MGI)				
		5 sehr hoch	4 hoch	3 mittel	2 gering	1 sehr gering
I.1		Großtrappe, Großer Brachvogel, Goldregenpfeifer			Steinadler	
I.2			Triel, Alpenstrandläufer	Zwergmöwe	Schreiadler, Lachseeschwalbe, Eissturmvogel	
I.3		Auerhuhn, Kampfläufer	Flussuferläufer, Purpurreiher, Große Rohrdommel	Fischadler, Steppenmöwe, Trauerseeschwalbe	Basstölpel, Flussseeschwalbe	
II.4		Kranich, Schwarzstorch, Weißstorch, Birkhuhn, Kiebitz, Bekassine	Bruchwasserläufer, Löffler, Zwergdommel, Pfeifente, Knäkente	Seeadler, Dreizehenmöwe	Küstenseeschwalbe, Weißbart-Seeschwalbe, Weißflügel-Seeschwalbe	Wiesenweihe, Sumpfohreule, Trottellumme
II.5		Alpenschneehuhn, Rotschenkel, Austernfischer	Krickente, Rothalstaucher, Gänsesäger, Tüpfelsumpfhuhn	Haselhuhn, Silbermöwe, Mittelmeermöwe, Sturmmöwe	Uhu	Steinkauz, Zwergohreule, Wiedehopf, Haubenlerche, Raubwürger
III.6		Waldschnepfe, Lachmöwe	Graureiher, Brandgans, Wasserralle, Kolbenente, Schwarzhalstaucher	Heringsmöwe, Turteltaube, Rebhuhn	Kolkrabe	Rotmilan, Wanderfalke, Baumfalke, Wespenbussard, Rohrweihe
III.7		Bläßhuhn, Höckerschwan	Graugans, Teichhuhn, Reiherente, Schnatterente, Haubentaucher	Wachtel, Ringdrossel	Waldohreule, Nebelkrähe, Dohle, Feldlerche, Wiesenpieper	Habicht, Kormoran, Saatkrähe, Grauammer
IV.8			Ringeltaube	Türkentaube, Hohltaube, Misteldrossel	Rabenkrähe, Elster	Mäusebussard, Turmfalke, Schleiereule, Mauersegler, Rauchschwalbe
IV.9		Stockente	Star	Singdrossel, Wacholderdrossel, Amsel	Mönchsgrasmücke	Eichelhäher, Uferschwalbe, Haussperling, Mehlschwalbe
V.10						Fitis, Gartengrasmücke, Klappergrasmücke
V.11						Sommergoldhähnchen, Zilpzalp
VI.12						
VI.13						

Dipl.-Ing. Dirk Bernotat, BfN

VORHABENTYPSPEZIFISCHE MORTALITÄTSGEFÄHRDUNG DURCH LEITUNGSKOLLISION

- Ergebnisse:
  - Artengruppen:
    - Besonders kollisionsgefährdet:
      Trappen, Störche, Kraniche, Reiherartige, Wat- und Schnepfenvögel, Raufußhühner, Schwäne, Gänse, Enten, Taucher, Säger, Rallen, Möwen, Seeschwalben
  - Validierung und einvernehmliche Abstimmung mit Fachkollegen:
    - K. Richarz, F. Bernshausen, E. Neuling, S. Rogahn, T. Langgemach, K. Schröder & J. Kreuziger
  - Sehr gute Übereinstimmung mit Fachpublikationen:
    - z. B.: Haas (1980), Hoerschelmann et al. (1997), Prinsen et al. (2011), European Commission (2014)
  - Berücksichtigung beim Netzausbau z. B.:
    - In FNN-Hinweisen (2014)
    - In allen BfN-Stellungnahmen

IV. METHODISCHER ANSATZ ZUR BEWERTUNG DER MORTALITÄT VON INDIVIDUEN IM RAHMEN VON PRÜFUNGEN

METHODISCHE ANSÄTZE ZUR BEWERTUNG DER MORTALITÄT

Bewertungsansatz:
- Je-desto-Regel:
  - Je höher die vorhabentypspezifische Mortalitätsgefährdung einer Art, desto niedriger liegt die Schwelle des konstellationsspezifischen Risikos (KSR) eines Vorhabens für gebiets- oder artenschutzrechtliche Verbotstatbestände

A: **Sehr hohe** Gefährdung =>	B: **Hohe** Gefährdung =>	C: **Mittlere** Gefährdung =>	D: Geringe Gefährdung =>	E: Sehr geringe Gefährdung =>
I. d. R./schon bei geringem konstellationsspez. Risiko planungs- u. verbotsrelevant	I. d. R./schon bei mittlerem konstellationsspez. Risiko planungs- u. verbotsrelevant	Im Einzelfall/bei mind. hohem konstellationsspez. Risiko planungs- u. verbotsrelevant	I. d. R. nicht/nur bei sehr hohem konstellationsspez. Risiko planungs- u. verbotsrelevant	I. d. R. nicht/nur bei extrem hohem konstellationsspez. Risiko planungs- u. verbotsrelevant

Abb. Vorhabentypspezifische Mortalitätsgefährdung und konstellationsspezifisches Risiko

FACHKONFERENZ
Vogelschutz an Höchstspannungsfreileitungen

KONSTELLATIONSSPEZIFISCHE MORTALITÄTSRISIKEN

Konstellationsspezifisches Risiko (KSR) vorhabentypübergreifend:

1. Parameter zur Konfliktträchtigkeit des Vorhabens:
   - **Freileitungen: z. B. Anzahl Leiterebenen, Leiter- u. Erdseile, Höhe, Dicke**
   - WEA: z. B. Anzahl, Höhe, Abstand, Anordnung, Bauweise und Beleuchtung
   - Verkehrswege: z. B. Anzahl/DTV/Geschwindigkeit sowie Trassierung
   - WKA: z. B. Turbinentyp, Anzahl/Abstand Laufradschaufeln, Umfangsgeschwindigkeit
2. Raumbezogene Parameter zur Betroffenheit von Arten:
   - z. B. Häufigkeit/Aktivität von Tieren im Gefahrenbereich des Vorhabens
   - z. B. Größe/Bedeutung der Brut-/Rastgebiete/Ansammlungen/Kolonien/BP etc.
   - z. B. Frequentierung/Bedeutung von Zugrouten/Flugwegen/Flugrouten
3. Entfernung des Vorhabens/Lage im Aktionsraum
   - In/unmittelbar angrenzend ⇔ im zentralen Aktionsraum ⇔ im weiteren Aktionsraum
4. **Maßnahmen zur Vermeidung/Schadensbegrenzung**
   - Geringe/mäßige Minderung ⇔ mittlere/hohe Minderung ⇔ sehr hohe Minderung

Dipl.-Ing. Dirk Bernotat, BfN

PARAMETER ZUR EINSTUFUNG DES KONSTELLATIONSSPEZIFISCHEN RISIKOS FÜR VÖGEL AN FREILEITUNGEN

abnehmende Konfliktintensität →

	3 (hoch)	2 (mittel)	1 (gering)
Konfliktintensität Freileitung	Hohe Konfliktintensität (z.B. Freileitungsneubau mit hoher Leiteranzahl auf unterschiedlichen Höhen, z.B. Mehrebenenmast; ggf. unter Berücksichtigung von Kumulation, Bündelung und Vorbelastung)	Mittlere Konfliktintensität (z.B. Freileitungsneubau mit geringer Leiteranzahl, z.B. Einebenenmast; ggf. unter Berücksichtigung von Kumulation, Bündelung und Vorbelastung)	Geringe Konfliktintensität (z.B. Nutzung Bestandsleitung mit Masterhöhung u. zusätzlichen Leiterseilen; ggf. unter Berücksichtigung von Kumulation, Bündelung und Vorbelastung)
Betroffene Individuenzahl	Etabliertes Trappen-Brut-/Winter-Einstandsgebiet inkl. Korridore	Gelegentliches Trappen-Brut-/Winter-Einstandsgebiet inkl. Korridore	Ehemaliges Trappen-Brut-/Winter-Einstandsgebiet (mit Potenzial)
Betroffene Individuenzahl	Großes Limikolen-/Wasservogel-Brutgebiet (ggf. von landesweiter bis nationaler Bedeutung)	Kleineres Limikolen-/Wasservogel-Brutgebiet (ggf. von lokaler bis regionaler Bedeutung)	
Betroffene Individuenzahl	Großes Gänse-/Schwäne-/Kranich-/Limikolen-/Wasservogel-Rastgebiet (ggf. von landesweiter bis nationaler Bedeutung)	Kleineres Gänse-/Schwäne-/Kranich-/Limikolen-/Wasservogel-Rastgebiet (ggf. von lokaler bis regionaler Bedeutung)	
Betroffene Individuenzahl	Große Brutvogelkolonie, Schlafplatz- oder sonstige Ansammlung (einer Art mit mind. mittlerer vorhabentyp-spezifischer Mortalitätsgefährdung)	Kleine Brutvogelkolonie, Schlafplatz- oder sonstige Ansammlung (einer Art mit mind. mittlerer vorhabentyp-spezifischer Mortalitätsgefährdung)	Brutplatz eines Brutpaares (einer Art mit mind. hoher vorhabentyp-spezifischer Mortalitätsgefährdung)
Frequentierung / Bedeutung v. Flugwegen	Flugweg hoher Frequentierung (z.B. Hauptflugkorridore zw. Schlafplätzen und Nahrungshabitaten bei Kranichen, Gänsen, Schwänen)	Flugweg mittlerer Frequentierung (z.B. regelmäßig genutzte Flugwege zw. Schlafplätzen u. Nahrungshabitaten bei Kranichen, Gänsen, Schwänen)	Flugweg geringer Frequentierung
Entfernung des Vorhabens	Inmitten oder unmittelbar angrenzend	Im zentralen Aktionsraum	Im weiteren Aktionsraum / im Grenzbereich des typischen Aktionsraums
Maßnahmen zur Minderung/ Schadensbegrenzung	Geringe bis mäßige Minderungswirkung (z.B. Abrücken aus dem unmittelbaren Gebiet; z.B. Anbringung von Markern bei Arten, für die nur artengruppenbezogene Wirkungsnachweise vorliegen)	Mittlere bis hohe Minderungswirkung (z.B. Abrücken außerhalb des zentralen Aktionsraums; z.B. Anbringung von Markern bei Arten, für die artspezifische Wirkungsnachweise vorliegen)	Sehr hohe Minderungswirkung (z.B. Abrücken außerhalb des weiteren Aktionsraums; z.B. 100 % Vermeidung durch Trassierung als Erdkabel)

FACHKONFERENZ
Vogelschutz an Höchstspannungsfreileitungen

KONSTELLATIONSSPEZIFISCHE MORTALITÄTSRISIKEN

BfN-Bewertungsansatz für Eingriffsvorhaben in 4 Arbeitsschritten:
1. Einstufung der Parameter:
   - 3 (hoch) – 2 (mittel) – 1 (gering)
   - Gutachterliche Einstufung im Einzelfall (s. Hilfstabelle für die jeweiligen Parameter)
2. Ermittlung des konstellationsspezifischen Risikos durch die jeweilige Kriterienkonstellation
   - Siehe hierfür Hilfstabellen für jede Thematik

extrem hoch	sehr hoch	hoch	mittel	gering	sehr gering	kein
3, 3 (6)	3, 2 (5)	3, 1 (4) 2, 2 (4)	2, 1 (3)	1, 1 (2)	–	
3, 3, 3 (9) 3, 3, 2 (8)	3, 2, 2 (7)	3, 2, 1 (6) 2, 2, 2 (6)	3, 1, 1 (5) 2, 2, 1 (5)	2, 1, 1 (4)	1, 1, 1 (3)	

3. Überprüfung, welche Konsequenzen das konstellationsspezifische Risiko bei der jeweiligen Art hat
   - Überschreitung der Schwelle und wenn ja, um wie viele Stufen?
4. Konzipierung von Maßnahmen zur Vermeidung/Schadensbegrenzung
   - Zur Senkung des konstellationsspezifischen Risikos unter Schwelle
   - Neubewertung

BEISPIELE ZUR ANWENDUNG

Beispiel 1: Trassenneubau mit Mehrebenenmasten =>
- Konfliktintensität der Freileitung: „hoch" (3)
- Konflikt A:
  - Leitung im „zentralen Aktionsraum" (2) eines „großen Limikolenbrutgebiets von landesweiter Bedeutung" (3)
  - => Konstellationsspezifisches Risiko: „extrem hoch" (vgl. Tab.)
  - Dabei auch Arten der Klasse A betroffen (Gr. Brachvogel, Kiebitz), für die bereits ein „geringes Risiko" zur Einstufung als „signifikant erhöhtes Tötungsrisiko" reichen würde
  - Das wäre hier der Fall => Überschreitung um 5 Stufen

Beispiel 2: Neubau mit Einebenenmasten/geringer Leiterzahl =>
- Konfliktintensität der Freileitung: „mittel" (2)
- Konflikt B:
  - Leitung im „zentralen Aktionsraum" (2) eines „großen Gänse-/Schwäne-Rastgebiets von landesweiter – nationaler Bedeutung" (3)
  - => Konstellationsspezifisches Risiko: „sehr hoch" (vgl. Tab.)
  - Dabei „nur" Arten der Klasse C betroffen (Blässgans, Graugans, Saatgans rossicus, Höckerschwan), für die ein mindestens „hohes Risiko" zur Einstufung als „signifikant erhöhtes Tötungsrisiko" erforderlich ist.
  - Das wäre hier der Fall => Überschreitung um 2 Stufen.

Beispiel 3: Ersatzneubau/Ausbau mit geringfügiger Anpassung =>
- Konfliktintensität der Freileitung: „gering" (1)
- Konflikt C:
  - Leitung im „zentralen Aktionsraum" (2) eines „kleinen Wasservogel-Brut-/Limikolen/Kranich-Rastgebiets" (2)
  - => Konstellationsspezifisches Risiko: „mittel" (vgl. Tab.)
  - Für Arten der Klasse B reicht bereits ein „mittleres Risiko" zur Einstufung als „signifikant erhöhtes Tötungsrisiko" aus
  - Wenn hier der Fall => Überschreitung um 1 Stufe => Minderung z. B. durch Vogelschutzmarker
  - Im „weiteren Aktionsraum" wäre es nicht signifikant erhöht.

KONSEQUENZEN

Konsequenzen für die Planung:
1. Prüfung von räumlichen und technischen Alternativen
    - Überprüfung der Trassierung =>
        - z. B. Meidung besonders konfliktträchtiger Bereiche
        - z. B. Abrücken aus dem jeweiligen Aktionsraum gefährdeter Arten (ggf. als Maßgabe für die weitere Planung)
    - Ggf. Veränderung der Mastenkonstruktion/-anordnung zur Minderung der Konfliktintensität des Vorhabens (z. B. Einebenen-/Compact-Mast)
    - Ggf. Erdkabel/Teilverkabelung => vollständige Vermeidung der Kollisionswirkung sowohl hinsichtlich Gebiets- als auch Artenschutz

2. Konzipierung von Maßnahmen zur Vermeidung/Minderung
    - z. B. Markierung von Leitungen mit Vogelschutzmarkern
        - Für viele Arten fehlen noch Daten zur artspezifischen Wirksamkeit => Bedarf an Fachkonventionen
        - => F&E-Vorhaben inkl. Expertenworkshop
        - Europarechtlich bestehen sehr hohe Anforderungen hinsichtlich der nachgewiesenen artspezifischen Wirksamkeit (vgl. z. B. BVerwG, 14.07.2011, 9 A 12.10, Rn. 99ff.)
        - z. B. Rückbau vorhandener Mortalitätsstrukturen im Aktionsraum der jeweils betroffenen Arten, sofern dies keine „Sowieso-Verpflichtung" darstellt.

Dipl.-Ing. Dirk Bernotat, BfN

WIRKSAMKEIT VON VOGELSCHUTZMARKERN

Methodik zur Beurteilung der Wirksamkeit von Vogelschutzmarkierung: Artspezifische Reduktionswirkung von Vogelschutzmarkern (Entwurf)

- Die rechtlich anzuerkennende Wirksamkeit der Markierung hängt von artspezifischen Wirksamkeitsnachweisen ab:

	Artspezifische Reduktionswirkung
1 Stufe	• Es gibt keine artspezifischen Wirksamkeitsnachweise, aber es kann davon ausgegangen werden, dass eine grds. Wirksamkeit auch für diese Art gilt (=> ggf. nicht für nacht-/dämmerungsflugaktive Arten) • Es gibt für die Art belegte Wirksamkeitsnachweise, aber die nachgewiesene Reduktion des Kollisionsrisikos für die Art ist gering-mäßig
2 Stufen	• Es gibt für die Art belegte Wirksamkeitsnachweise und die nachgewiesene Reduktion des Kollisionsrisikos für die Art ist mittel-hoch • Es gibt für eine ökologisch sehr ähnliche Art Nachweise einer sehr hohen Wirksamkeit
3 Stufen	• Es gibt für die Art belegte Wirksamkeitsnachweise und die nachgewiesene Reduktion des Kollisionsrisikos für die Art ist sehr hoch

KONSEQUENZEN

3. Überprüfung/Neubewertung des Vorhabens
   - Konnte das konstellationsspezifische Risiko durch Minderungsmaßnahmen so weit reduziert werden (Stufenreduktion), dass keine Verbotstatbestände mehr ausgelöst werden?
4. Sonst ggf. Ausnahmeprüfung (nach § 45/§ 34 BNatSchG)
   - Prüfung, ob zwingende Gründe des überwiegenden öffentlichen Interesses vorliegen
   - Prüfung von Alternativen mit geringeren Konfliktschweren nach SIMON et al. (2015) durch Verschneidung der „Stufenüberschreitung" mit der „Anzahl" der davon betroffenen Individuen
   - Kompensatorische Maßnahmen (FCS-Maßnahmen beim AS/Kohärenzsicherungsmaßnahmen beim GS; i. d. R. multifunktional bei den Kompensationserfordernissen der Eingriffsregelung anrechenbar)

V. BFN-TABELLEN DER FREILEITUNGSSENSIBLEN ARTEN UND GEBIETE + AKTIONSRÄUME

Tab. 1: Gebiete/Ansammlungen/Flugwege freileitungssensibler Arten aus BfN-Tagungsband (Rogahn & Bernotat 2016: 121ff.)

Prüfparameter des konstellationsspezifischen Risikos	zentraler Aktionsraum / Puffer (in m)	weiterer Aktionsraum / Prüfbereich (in m)
Europäische Vogelschutzgebiete mit besonders kollisionsgefährdeten Arten (A-C) im Schutzzweck	1.000 [1]	mind. 3.000 [1]
Trappengebiete Brut- / Wintereinstandsgebiete + Korridore dazwischen etablierte Gebiete und gelegentlich genutzte Gebiete	3.000	5.000
Wasservogelbrutgebiete (Enten, Gänsen, Schwänen, Rallen, Tauchern) kleineres (ggf. v. lok.-reg. Bed.) / großes (ggf. v. landesw.-nat. Bed.)	500	1.000
Limikolenbrutgebiete kleineres (ggf. v. lok.-reg. Bed.) / großes (ggf. v. landesw.-nat. Bed.)	500	1.500
Kranichrastgebiete kleineres (ggf. v. lok.-reg. Bed.) / großes (ggf. v. landesw.-nat. Bed.)	500	1.500
Rastgebiete von Gänsen u. Schwänen kleineres (ggf. v. lok.-reg. Bed.) / großes (ggf. v. landesw.-nat. Bed.)	500	1.500
Limikolen-Rastgebiete kleineres (ggf. v. lok.-reg. Bed.) / großes (ggf. v. landesw.-nat. Bed.)	500	1.500
Wasservogel-Rastgebiete (Enten, Taucher, Rallen) kleineres (ggf. v. lok.-reg. Bed.) / großes (ggf. v. landesw.-nat. Bed.)	500	1.000
Brutkolonien von:		
Möwen kleinere / große Kolonien	1.000	mind. 3.000
Seeschwalben kleinere / große Kolonien	1.000	mind. 3.000
Reihern und Löfflern kleinere / große Kolonien	1.000	mind. 3.000
Pelagen kleinere / große Kolonien	1.000	mind. 3.000

[1] Sofern im Gebiet nicht Arten mit weiterreichenden Werten vorkommen

Dipl.-Ing. Dirk Bernotat, BfN

Tab. 1: Gebiete/Ansammlungen/Flugwege freileitungssensibler Arten

Prüfparameter des konstellationsspezifischen Risikos	zentraler Aktionsraum / Puffer (in m)	weiterer Aktionsraum / Prüfbereich (in m)
Regelmäßige Schlafplatzansammlungen von:		
Kranichen, kleinere Ansammlungen (ggf. v. lok.- reg. Bedeutung)	1.000	3.000
Kranichen, große Ansammlungen (ggf. v. landesw. Bed. / 1.000-10.000 Ind. bis nat. Bed. / >10.000 Ind.)	3.000	5.000 / 10.000
Gänsen/Schwänen, kleinere (ggf. v. lok.-reg. Bed.) / große (ggf. v. landesw.-nat. Bed.)	1.000	3.000
Greifvögeln (Milane*, Weihen, Seeadler) u. Sumpfohreulen	1.000	3.000
Schwarzstörche kleinere / große Ansammlungen	1.000	3.000
Weißstörche kleinere / große Ansammlungen	1.000	2.000
Reiher (Grau-, Silber-, Purpurreiher) kleinere / große Ansammlungen	1.000	3.000
Möwen (z.B. Silber-, Lach-, Sturm-, Heringsmöwe) kleinere / große Ansammlungen	1.000	3.000
Sonstige Ansammlungen wie z. B. Balzgebiete von:		
Raufußhühner	1.000	2.000
Limikolen (z.B. Kampfläufer)	1.000	1.500
Flugwege hoher Frequentierung / Bedeutung (z.B. Hauptflugkorridore zw. Schlafplätzen und Nahrungshabitaten bei Kranichen, Gänsen, Schwänen; z.B. Korridore Raufußhühnern)	liegen i.d.R. innerhalb der **Prüfbereiche** und sind in bestimmten Fällen durch **Raumnutzungsanalysen** zu erfassen	
Flugwege mittlerer Frequentierung / Bedeutung (z.B. regelmäßig genutzte Flugwege zw. Schlafplätzen und Nahrungshabitaten bei Kranichen, Gänsen, Schwänen)		
Flugwege geringer Frequentierung / Bedeutung		

* Profiteur

Tab. 2: Brutplätze/Brutvorkommen freileitungssensibler Arten

Brutvogelarten und deren vMGI	zentraler Aktionsraum (in m)	weiterer Aktionsraum (in m)
Großtrappe (A)	3.000	5.000
Weißstorch (A)	1.000	mind. 2.000
Schwarzstorch (A)	3.000	mind. 6.000
Kranich (A)	500	1.000
Purpurreiher (A) [2]	1.000	mind. 3.000
Nachtreiher (A) [2]	1.000	mind. 3.000
Große Rohrdommel (B)	500	1.000
Zwergdommel (B)	500	1.000
Löffler (B) [2]	500	mind. 3.000
Goldregenpfeifer (A)	500	mind. 1.000
Triel (A)	500	mind. 1.000
Großer Brachvogel (A)	500	1.000
Uferschnepfe (A)	500	1.000
Kampfläufer (A)	500	1.000
Seeregenpfeifer (A)	500	1.000
Kiebitz (A) gilt auch für regelmäßige Brutvorkommen in Ackerlandschaften, soweit sie mindestens von regionaler Bedeutung sind	500	1.000
Alpenstrandläufer (A)	500	1.000
Flussuferläufer (A)	500	1.000

[2] I. d. R. nur in Kolonien

Tab. 2: Brutplätze/Brutvorkommen freileitungssensibler Arten

Brutvogelarten und deren vMGI	zentraler Aktionsraum (in m)	weiterer Aktionsraum (in m)
Sandregenpfeifer (A)	500	1.000
Rotschenkel (B)	500	1.000
Steinwälzer (A)	500	1.000
Bekassine (A)	500	1.000
Austernfischer (B)	500	1.000
Waldschnepfe (B)	500	1.000
Bruchwasserläufer (B)	500	1.000
Auerhuhn (A)	1.000	2.000
Birkhuhn (A)	1.000	2.000
Alpenschneehuhn (B)	1.000	2.000
Singschwan (A)	500	1.000
Bergente (A)	250	500
Moorente (B)	250	500
Pfeifente (B)	250	500
Knäkente (B)	250	500
Krickente (B)	250	500
Löffelente (B)	250	500
Tafelente (B)	250	500
Spießente (B)	250	500

FACHKONFERENZ
Vogelschutz an Höchstspannungsfreileitungen

Tab. 2: Brutplätze/Brutvorkommen freileitungssensibler Arten

Brutvogelarten und deren vMGI	zentraler Aktionsraum (in m)	weiterer Aktionsraum (in m)
Ohrentaucher (A)	250	500
Rothalstaucher (B)	250	500
Zwergsumpfhuhn (B)	250	500
Tüpfelsumpfhuhn (B)	250	500
Kleines Sumpfhuhn (B)	250	500
Wachtelkönig (B)	500	1.000
Zwergmöwe (A) [2]	1.000	mind. 3.000
Lachmöwe (B) [2]	1.000	mind. 3.000
Mantelmöwe (B) [2]	1.000	mind. 3.000
Steppenmöwe (B) [2]	1.000	mind. 3.000
Dreizehenmöwe (B) [2]	1.000	mind. 3.000
Raubseeschwalbe (B)	1.000	mind. 3.000
Lachseeschwalbe (B) [2]	1.000	mind. 3.000
Flussseeschwalbe (B) [2]	1.000	mind. 3.000
Trauerseeschwalbe (B) [2]	1.000	mind. 3.000
Zwergseeschwalbe (B) [2]	1.000	mind. 3.000
Brandseeschwalbe (B) [2]	1.000	mind. 3.000
Küstenseeschwalbe (B) [2]	1.000	mind. 3.000

[2] I. d. R. nur in Kolonien

Tab. 2: Brutplätze/Brutvorkommen freileitungssensibler Arten

Brutvogelarten und deren vMGI	zentraler Aktionsraum (in m)	weiterer Aktionsraum (in m)
Fischadler *(B)	1.000	4.000
Steinadler (A)	3.000	6.000
Seeadler (B)	3.000	6.000
Schreiadler (B)	3.000	6.000
Schelladler (B)	3.000	6.000
Basstölpel (B)	1.000	mind. 3.000
Eissturmvogel (B)	1.000	mind. 3.000
Arten der vMGI-Klasse C, für die i. d. R. keine regelmäßigen und räumlich klar „verortbaren" Ansammlungen existieren und die daher im Hinblick auf Mortalität i. d. R. nicht auf Artniveau zu untersuchen sind:		
Als Brut- bzw. Jahresvogel: Waldwasserläufer, Flussregenpfeifer, Haselhuhn, Steinhuhn, Rebhuhn, Wachtel, Kornweihe, Wiesenweihe, Rohrweihe, Baumfalke, Rotmilan, Schwarzmilan, Wanderfalke, Wespenbussard, Habichtskauz, Sumpfohreule, Uhu, Steinkauz, Ringeltaube, Turteltaube, Ringdrossel, Star, Kolkrabe, Wiedehopf, Wendehals, Haubenlerche, Raubwürger, Rotkopfwürger, Steinschmätzer, Wiesenpieper, Seggenrohrsänger, Ortolan.		
Als Gastvogel: Waldschnepfe, Wachtelkönig, Schmarotzerraubmöwe, Falkenraubmöwe, Skua, Spatelraubmöwe, Fischadler, Raufußbussard, Turteltaube, Ringdrossel, Kolkrabe, Eisturmvogel, Basstölpel, Trottellumme, Blauracke, Seggenrohrsänger, Raubwürger, Rotkopfwürger.		

* Profiteur

FACHKONFERENZ
Vogelschutz an Höchstspannungsfreileitungen

VI. OPERATIONALISIERUNG DER RECHTSPRECHUNG IN DER MGI-METHODIK

HINWEISE ZUR SIGNIFIKANZ AUS DER RECHTSPRECHUNG

1. Risiko größer als im Rahmen des allgemeinen Naturgeschehens
   - z. B. BVerwG v. 9.7.2008 (9 A 14.07, Rn. 91)
   - z. B. durch Greifvogel geschlagen zu werden (s. o.)
   - z. B. mit Blick auf natürliche Feinde (Zauneidechsen) (BVerwG 08.01.2014, 9 A 4.13, Rn. 99)
   - Im MGI v. a. über den PSI artspezifisch sehr gut z. B. durch natürliche Mortalitätsrate, Lebensalter etc. operationalisiert
   (Insekt > Singvogel > Großvogel)
2. Risiko größer als mit einem Verkehrsweg (Vorhaben) im Naturraum immer verbunden ist
   - z. B. BVerwG v. 09.07.2008 (9 A 14.07, Rn. 91)
   - Gilt nur für Arten, die ubiquitär/flächendeckend vorkommend sind (Amsel, Kohlmeise, Rotkehlchen etc.) => Risiko eines Verkehrswegs ist für diese Arten in D. überall gleich gegeben
   - Anders bei Vorkommen seltener Arten wie Großtrappe oder Schreiadler, die nur in wenigen Naturräumen vorkommen
   - A) Im MGI z. B. sehr gut über NWI operationalisiert
   - B) Im konstellationsspezifischen Risiko (KSR) über Konfliktintensität des Vorhabens operationalisiert
3. Signifikant erhöht bei Fledermäusen regelmäßig dann, wenn Hauptflugrouten oder bevorzugte Jagdgebiete betroffen sind
   - z. B. BVerwG, Urteil vom 12.03.2008 - 9 A 3.06, Rn. 219.
   - Im MGI vollumfänglich im konstellationsspezifischen Risiko (KSR) für den Einzelfall operationalisiert (vgl. S. 170ff.)
4. Signifikanz hängt v. Häufigkeit der Art/Anzahl d. Individuen ab
   - OVG Magdeburg, Beschl. v. 16. Mai 2013 - 2 L 80/11 - Rn. 22 ff
   - Zwar Individuenschutz, aber die Zahl der potenziellen Opfer muss eine Größe überschreiten, die „mit Blick auf die Zahl der insgesamt vorhandenen Individuen" überhaupt als nennenswert bezeichnet werden kann ...
   - Fledermäuse auf dem Durchzug >>> Rotmilan-Brutpaare
   - Im MGI wird der Bezug zur Häufigkeit der Art sehr gut und zielführend über den NWI/MGI abgebildet und operationalisiert.

Dipl.-Ing. Dirk Bernotat, BfN

FAZIT MGI

- MGI: 7 Jahre Entwicklung + Abstimmung mit zahlreichen Kollegen + Vorstellung auf 5 Expertenworkshops => 460 Seiten Bericht
- BfN-Arbeitshilfe für die Praxis zur Ableitung:
    - Der allgemeinen Mortalitätsgefährdung (MGI) auf Artniveau
    - Der vorhabentypspezifischen Mortalitätsgefährdung (vMGI)
    - Des konstellationsspezifischen Risikos des Einzelfalls
- Arbeitshilfe dient der Operationalisierung des Signifikanzansatzes des BVerwG beim Artenschutz + Bestimmung der Erheblichkeit beim Gebietsschutz
- Berücksichtigung in Wissenschaft und Praxis:
    - z. B. ERM (2013), FNN-Hinweise (2014), Büro für Faunistische Fachfragen & Planungsgruppe Natur und Umwelt (2014), BNetzA (2014), Richarz (2014/2016), LAG VSW (2015:7), LUBW Baden-Württemberg (2015), MLR BW (2015:9f.), LfULG Sachsen (2015), Peters et al. (2015), Simon et al. (2015), Wulfert (2015), Planungsbüro LAUKHUF (2016), Rogahn & Bernotat (2016), Lukas (2016), Bick & Wulfert (2017), Albrecht et al. (2017), Fachagentur Windenergie an Land (2017:16), TLUG Thüringen (2017) oder BNetzA (z. B. 14.06.2017, Az. 6.07.00.02/19-2-1/10.0).

FACHKONFERENZ
Vogelschutz an Höchstspannungsfreileitungen

VII. STANDARDS UND FACHKONVENTIONEN IM NATURSCHUTZ

STANDARDISIERUNG IM GEBIETS- UND ARTENSCHUTZ

Was sind „Fachkonventionen"?
- „Konventionen mit einem <u>Gültigkeitsbereich für einen bestimmten Wissenschafts- und Technikbereich.</u> I. d. R. fachintern erstellt" (Plachter et al. 2002:37)
- <u>Oft für Schnittstelle zw. Naturwissenschaft u. Rechtsnorm</u>
    - z. B. bei Rechtsbegriffen wie „Erheblichkeit"/„Signifikanz"
    - „weiche" Form der Standardisierung
- <u>Anforderungen an FK (u. a. Bick & Wulfert 2017)</u>
    - Entwicklung i. R. von F&E-Vorhaben bzw. einer neutralen/unabhängigen Stelle oder von Expertengruppen
    - Abstimmung/Beteiligung von Fachleuten des jeweiligen Bereichs
    - Etablierung durch Anerkennung/Anwendung in Wissenschaft und Praxis

Vorteile von Standards/Fachkonventionen
1. Bieten <u>Hilfe + Unterstützung</u> für die Praxis
2. Erhöhen <u>Objektivität</u> der Entscheidungen
3. Sichern <u>Qualität</u> der Prüfungen
4. <u>Vermindern Aufwand + Kosten</u> für alle Beteiligten
5. <u>Erhöhen Planungs- und Rechtssicherheit</u>
6. Dienen damit auch der <u>Verwaltungsvereinfachung und Verfahrensbeschleunigung.</u>

FACHKONFERENZ

Vogelschutz an Höchstspannungsfreileitungen –
Methoden, Spielräume und Realisierbarkeit

Dipl.-Biol. Dr. Ulrich Mierwald
Kieler Institut für Landschaftsökologie

Herausforderungen bei der planerischen Umsetzung von Anforderungen an den Vogelschutz

FACHKONFERENZ
Vogelschutz an Höchstspannungsfreileitungen

ANFORDERUNGEN AUS DER RECHTSPRECHUNG

BVerwG 4 A 5.14 vom 21. Januar 2016 (Urteil zur „Uckermarkleitung"):
- Strenger Prüfmaßstab:
  Zulässigkeit ist nur gegeben, wenn aus wissenschaftlicher Sicht kein vernünftiger Zweifel verbleibt, dass erhebliche Beeinträchtigungen vermieden werden (Rn 70)
- Die besten einschlägigen wissenschaftlichen Erkenntnisse sind in der Verträglichkeitsprüfung zu berücksichtigen (Rn 70)
- Hohe Anforderungen an die Gewissheit, dass sich das Vorhaben nicht nachteilig auf die für das Gebiet festgelegten Erhaltungsziele auswirken wird (Rn 91)
- Artspezifische Bewertung des Mortalitätsrisikos anhand ihrer Verhaltensökologie, Habitatnutzung und Flugverhalten (Rn 83)
- Der Grundsatz der Verhältnismäßigkeit setzt jedoch der Untersuchungspflicht eine Grenze (Rn 100)
- Besondere Ansprüche sind an Maßnahmen zur Schadensbegrenzung zu stellen (Rn 104 ff)
- Berücksichtigung der Vögel als charakteristische Arten in FFH-Gebieten.

SCHUTZREGIME UND BEWERTUNGSEBENEN

Natura 2000
Vogelschutzgebiete
- Vögel als eigenständige Erhaltungsziele

FFH-Gebiete
- Vögel als charakteristische Arten von Lebensraumtypen

Langfristiger Erhalt der Population im Schutzgebiet
Artenschutz
- Vögel als besonders und streng geschützte Arten

Individuenbezogene Erhöhung des allgemeinen Lebensrisikos

Dipl.-Biol. Dr. Ulrich Mierwald, Kieler Institut für Landschaftsökologie

VÖGEL IN UNTERSCHIEDLICHEN LEBENSPHASEN

Brutvögel
- Standvögel, kennen ihr Territorium recht gut

Rastvögel
- Durchziehende Rastvögel, bleiben nur relativ kurz im Gebiet
- Wintergäste, bleiben zumeist länger im Gebiet, sind hinsichtlich ihrer Raumnutzung jedoch deutlich flexibler als Brutvögel

Durchzügler und Nahrungsgäste sind i. d. R. keine Erhaltungsziele in Natura 2000-Gebieten.

VÖGEL ALS CHARAKTERISTISCHE ARTEN VON LEBENSRAUMTYPEN

Die charakteristischen Arten einer FFH-VS sind keine eigenständigen Erhaltungsziele, sondern Indikatorarten für Auswirkungen auf den günstigen Erhaltungszustand eines Lebensraumtyps (LRT)

Anforderungen an Indikatorarten
- Charakteristisch für den günstigen Erhaltungszustand
- Vorkommenschwerpunkt in dem LRT
- Empfindlichkeit gegen zu prüfenden Wirkprozess
- Reaktion muss bekannt sein

Sie müssen in dem jeweiligen LRT betroffen sein.

BEEINTRÄCHTIGUNG DURCH FREILEITUNGEN

bauzeitlich
- Zerstörung von Nestern und Gelegen
- Temporäre Vergrämung

anlagebedingt
- **Kollision (mit Verletzung oder Todesfolge)**
- Dauerhafte Meidung

betriebsbedingt (z. B. durch Wartung)
- Zerstörung von Nestern und Gelegen
- Temporäre Vergrämung.

FACHKONFERENZ
Vogelschutz an Höchstspannungsfreileitungen

INDIVIDUELLES KOLLISIONSRISIKO

abhängig von:
- Artspezifischem Flugverhalten
- Schlechte Sicht (z. B. bei starkem Nebel)
- Witterung (Starkwind, insbesondere Böen)
- Stress (Scheucheffekte, Flucht vor Prädatoren)
- Allgemeiner Zustand des Individuums (z. B. Erschöpfung, Krankheit)
- Sonstige Gründe (Raumnutzung, Gewöhnung).

KONSTELLATIONSSPEZIFISCHES KOLLISIONSRISIKO

abhängig von:
- Merkmalen des Vorhabens
- Vorbelastung
- Landschaftsstrukturen (bedingt die Raumnutzung)
- Sonstige Gründe (z. B. Prädatorendruck) .

WIE HÄUFIG FINDEN KOLLISIONEN STATT?

Anzahl von Totfunden
- Die absoluten Zahlen der Totfunde geben allenfalls Hinweise auf ein erhöhtes Kollisionsrisiko, eignen sich aber nicht per se als Grundlage für eine adäquate Bewertung

Kollisionsrate = Anzahl der Kollisionen pro Überflüge
- Problem: unzureichende Datenlage, auch mit sehr hohem Aufwand meist nicht zu beheben.

Dipl.-Biol. Dr. Ulrich Mierwald, Kieler Institut für Landschaftsökologie

BEWERTUNG DER AUSWIRKUNGEN VON KOLLISION

Zentrale Fragen in FFH-Verträglichkeitsstudien:
- Tragen Kollisionen dazu bei, dass die Population im Schutzgebiet langfristig abnimmt?
- Entstehen ökologischer Fallen (z. B. durch ständige Zuwanderung aus der Umgebung oder anderen Gebieten)?

Zentrale Frage im Artenschutz:
- Übersteigen die Kollisionen das Maß des allgemeinen Lebensrisikos?

AUSWIRKUNGEN VON KOLLISIONEN AUF POPULATIONEN

Um populationsbezogene Auswirkungen bewerten zu können, müssen zuvor die Kollisionsopfer „quantifiziert" werden.

Für eine Quantifizierung essentiell sind:
- Artspezifische Verhaltenseigenschaften
- Berücksichtigung des konstellationsspezifischen Risikos

Auswertung vergleichbarer Studien, Plausibilitätsprüfung
Übertragung gesicherter Ergebnisse auf weitere
Arten mit gleicher oder ähnlicher Verhaltensbiologie
Verbal-argumentative Begründung des Ergebnisses anhand der verwendeten Parameter.

MÖGLICHKEITEN DER QUANTIFIZIERUNG VON KOLLISIONEN

Probleme: „Datenhunger"
- Unterschiedliche Raumnutzungsmuster
- Unvorhersehbarkeit von signifikanten Ereignissen

Modellierung der konkreten Situation im Schutzgebiet
- z. B. durch eine Monte Carlo-Simulation über eine Simulation des Flugverhaltens

Ranking-Methode: Überführung von qualitativen Merkmalen in quantitative Skalen
- Auswertung des artspezifischen Verhaltens
- Erarbeitung eines Rankingsystems
- Einstufung der Arten mit gesicherten Daten
- Zuordnung der Arten ohne gesicherte Daten

Im Rahmen eines konkreten Projektes jedoch kaum leistbar!

RANKINGVERFAHREN AM BEISPIEL DES F&E-VORHABENS „VÖGEL UND VERKEHRSLÄRM"

Dipl.-Biol. Dr. Ulrich Mierwald, Kieler Institut für Landschaftsökologie

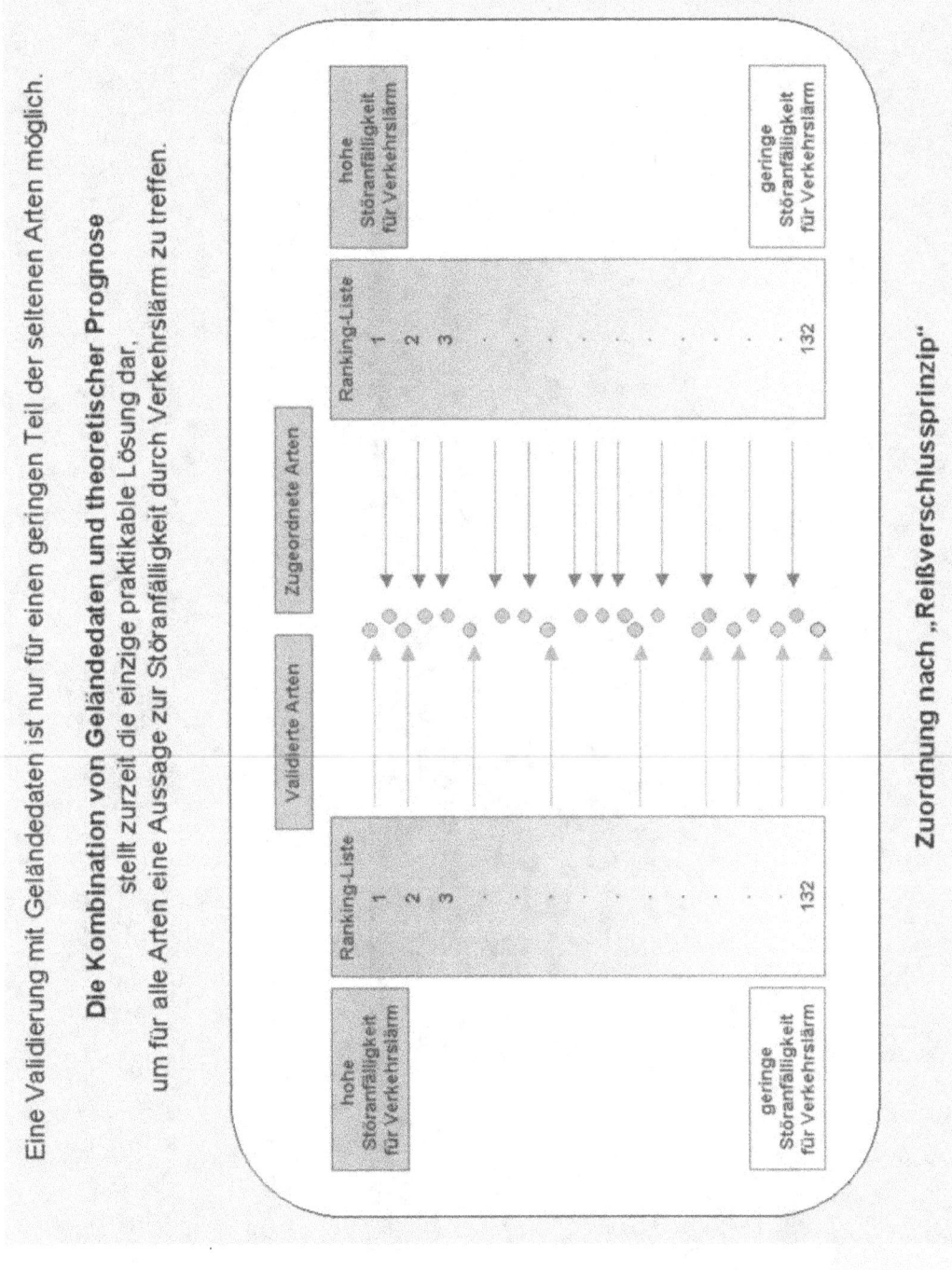

VERTEILUNG DER RELATIVEN EMPFINDLICHKEIT VON BRUTVOGELARTEN GEGEN STRASSENVERKEHRSLÄRM [N= 132]

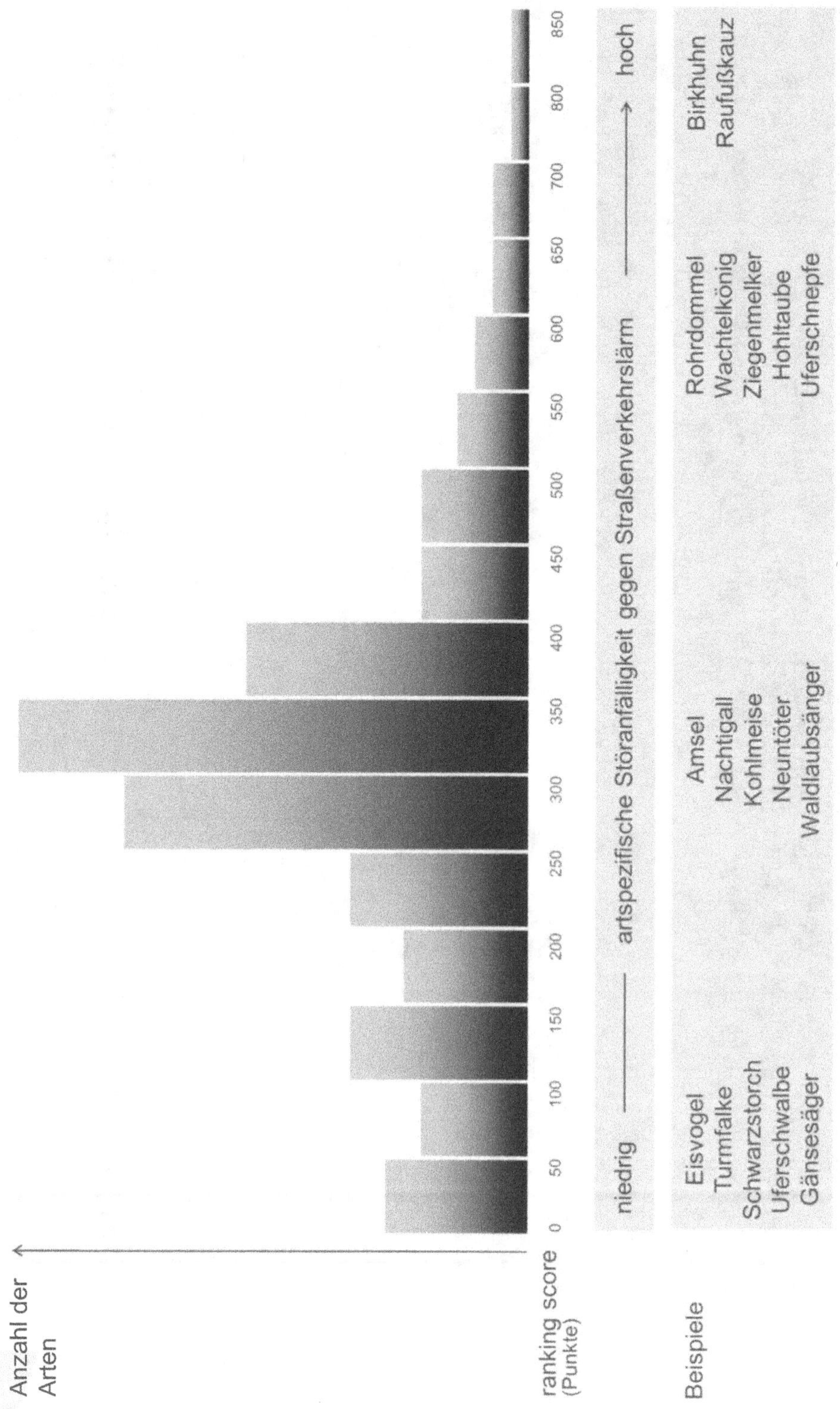

Dipl.-Biol. Dr. Ulrich Mierwald, Kieler Institut für Landschaftsökologie

ÜBERTRAGUNG VON VALIDIERTEN ERGEBNISSEN DURCH ANALOGIESCHLÜSSE

Analogieschlüsse sind notwendig, müssen aber fachlich und nachvollziehbar
- Aus den Verhaltensweisen der Arten
- Den Habitatpräferenzen
- Und der örtlichen Situation

begründet werden.

Wertvolle Hinweise sind der Datenzusammenstellung und Auswertung in Bernotat & Dierschke (2016) zu entnehmen (z. B. zur Anfluggefährdung).

GESAMTHAFTE BEWERTUNG DES VORHABENS IN NATURA 2000-GEBIETEN

Im Rahmen der Bewertung der FFH-Verträglichkeit sind neben Kollisionen zusätzliche Parameter zu berücksichtigen:
- Vorbelastung durch gleichartige oder andere Gefahren/Störungen „Deltabetrachtung" versus geringere Toleranzschwelle?
- Kumulationsbetrachtung
  Zusätzliche Auswirkungen durch das Vorhaben
  Auswirkungen durch andere Vorhaben
  Verwirrung durch die Moorburg-Entscheidung
  Berücksichtigung des Art. 6 Abs. 2 der FFH-Richtlinie?
- Maßnahmen zur Schadensbegrenzung/-vermeidung

MASSNAHMEN ZUR SCHADENSBEGRENZUNG

müssen verhindern, dass ein Schaden eintritt (im Gegensatz zu Kohärenzmaßnahmen, die einen Schaden nachträglich heilen).

Was ist der zu erwartende Schaden – genaue Definition ist essentiell!

Beispiele für Maßnahmen:
- Marker zur Förderung der Sichtbarkeit von Leitungen
- Rückbau vorhandener Leitungen
- Trassenlage und -führung, alternative Mastentypen
- (Erdverkabelung)
- Ablenkungsmaßnahmen (Entwicklung trassenferner Habitate)
  Abgrenzung zu Kohärenzmaßnahmen oft problematisch

An den Wirksamkeitsnachweis von Maßnahmen zur Schadensbegrenzung werden in der Rechtsprechung sehr hohe Anforderungen gestellt!

BEWERTUNG DER KOLLISIONSVERLUSTE IN NATURA 2000-GEBIETEN

Maßstab für die Bewertung der Kollisionsverluste ist der günstige Erhaltungszustand der Arten in dem jeweiligen Schutzgebiet.

Eine erhebliche Beeinträchtigung kann nicht ausgeschlossen werden, wenn der Bestand signifikant (dauerhaft) abnimmt.

In die Populationsentwicklung fließen neben den Kollisionsopfern ein

- Bestandsgröße und Erhaltungszustand im Schutzgebiet
- Reproduktionsbiologie der Art
- Vorbelastung/Maßnahmen zur Schadensbegrenzung.

Bei unsicherer Prognose ist für besonders anfluggefährdete Arten eine Abweichungsprüfung anzuraten.

EXKURS: BEWERTUNGSPARAMETER NACH BERNOTAT & DIERSCHKE (2016)

In den Populationsbiologischen Sensitivitäts-Index (PSI) gehen nationale Bestandsgrößen und nationale Bestandstrends ein – diese sind für eine FFH-VS nicht relevant, können aber das Ergebnis beeinflussen.

Der Naturschutzfachliche Wert-Index (NWI) wird durch Parameter der Roten Listen (Gefährdungseinstufung, Häufigkeitsklassen), Erhaltungszustand und nationale Verantwortlichkeit bzw. Gefährdung in Europa/Welt bestimmt. Keiner dieser Parameter ist hinsichtlich der Betroffenheit von Vögeln als Erhaltungsziel in einem konkreten Schutzgebiet relevant.

Aus PSI und NWI wird der Mortalitäts-Gefährdungs-Index (MGI) gebildet, der Grundlage für die weiteren Bewertungsschritte darstellt.

→ In die Bewertung fließen Parameter ein, die für das zu prüfende Schutzgebiet nicht relevant sind.

Dipl.-Biol. Dr. Ulrich Mierwald, Kieler Institut für Landschaftsökologie

BAGATELLSCHWELLEN

Nicht jedes tote Tier löst eine erhebliche Beeinträchtigung bzw. den Verbotstatbestand der Tötung aus.

Im Gebietsschutz ist zu prüfen, ob die verbliebene Population trotz einzelner Verluste weiterhin stabil bleibt und die Verluste ausgleichen kann.

Eine Berücksichtigung von Zuwanderungen aus der Umgebung ist problematisch: Es darf keine ökologische Fallensituation entstehen.

Im Artenschutz ist zu prüfen, ob das Kollisionsrisiko gegenüber dem allgemeinen Lebensrisiko signifikant erhöht ist, dem die Art in der Kulturlandschaft ausgesetzt ist.

ANFORDERUNGEN AN DIE ABWEICHUNGSPRÜFUNG

Sind unvermeidbare erhebliche Beeinträchtigungen nicht auszuschließen, kann das Vorhaben nur über eine Abweichungsprüfung zugelassen werden.

Darlegung der zwingenden Gründe des öffentlichen Interesses.

Die zwingenden Gründe des öffentlichen Interesses, die für das Vorhaben sprechen, müssen gegenüber dem öffentlichen Interesse an der Kohärenz des europäischen ökologischen Netzes Natura 2000 bzw. am speziellen Artenschutz überwiegen. (Gewichtung nach der je-desto-Formel!)

Nachweis, dass keine zumutbare Alternative gegeben ist

- Weitere Maßnahme zur Schadensbegrenzung
  z. B. anderer Mastentyp, anderer Markertyp
- Andere Trassenführung …

Maßnahmen zur Sicherung der Kohärenz/des Erhaltungszustands.

FACHKONFERENZ
Vogelschutz an Höchstspannungsfreileitungen

ANMERKUNGEN ZU DEN „WISSENSCHAFTLICHEN ERKENNTNISSEN"

Das BVerwG fordert die Berücksichtigung der „einschlägigen wissenschaftlichen Erkenntnisse".

Die Wissenschaft hat oft wenig Interesse, praxisnahe Fragen hinreichend zu beantworten: „Further research is needed" sichert weitere Drittmittel.

Lösungsansatz:
Für nicht auflösbare Restrisiken wird eine bestimmte Summe in einen Forschungstopf eingezahlt, mit der praxisbezogene Fragen umfassend untersucht werden.

Ziel:
Verbesserung des „Erkenntnisstandes" und ggf. Erarbeitung von abgestimmten Fachkonventionen, die für künftige Projekte den „besten Stand der Technik" darstellen und zu berücksichtigen sind.

FAZIT

Eine artspezifische Quantifizierung der Kollisionsopfer wird sowohl für die Bewertung von Beeinträchtigungen wie für die Festlegung von Vermeidungs- und Schadensbegrenzungsmaßnahmen und für die Abwägung im Rahmen einer Ausnahme gefordert.

Eine durchgehende Quantifizierung aller relevanten Parameter ist nicht möglich. Es stehen Methoden zur Verfügung, die eine Überführung von qualitativen Merkmalen in quantitativen Skalen ermöglichen (z. B. Ranking-Methoden).

Analogieschlüsse sind zulässig, müssen aber fachlich begründet werden.

Eine überzeugende „verbal-argumentative" Herleitung ist tragfähiger als eine zweifelhafte Quantifizierung. Man sollte nicht der „Magie der Zahl" blind erliegen.

Alle Vogelzeichnungen
Dr. W. Daunicht
© KIfL

FACHKONFERENZ

Vogelschutz an Höchstspannungsfreileitungen –
Methoden, Spielräume und Realisierbarkeit

Dr. Klaus Richarz
ehem. Leiter VSW Frankfurt, Projektgruppenleiter FNN-Hinweis Vogelschutzmarkierung an
Hoch- und Höchstspannungsfreileitungen, Vorsitzender Bundesverband
Wissenschaftlicher Vogelschutz BWV e.V.

Vogelschutzmarkierungen – Status quo und FNN-Hinweis

FACHKONFERENZ
Vogelschutz an Höchstspannungsfreileitungen

1. ÜBERSICHT VOGELSCHLAGSTUDIEN

ANLASS - ERSTE STUDIEN

- Untersuchungen an küstennahen Trassenabschnitten ergaben hohe Opferzahlen/Leitungskilometer (Heijnis 1980, Hoerschelmann et al., 1988)
- Auf das Netz der Hochspannungsfreileitungen in den Grenzen der alten Bundesländer hochgerechnet, ergäbe dies rd. 30 Mio. tote Vögel/Jahr!
  Das „Horrorszenario" führte zu:
    - Hohen Widerständen und Verfahrensverzögerungen bei Planung und Bau neuer Freileitungen
    - Vergabe eines Forschungsvorhabens der RWE an die VSW

Forschungsvorhaben: Vögel & Freileitungen (RWE/VSW)

VOGELSCHLAGSTUDIEN

- In verschiedenen Ländern/Landschaftsräumen (Deutschland, Österreich, Niederlande, Spanien, Bulgarien; küstennahe/-ferne Gebiete)
- Ohne/mit Markierungen z. B. KOOPS 1997, SUDMANN 2000, BRAUNEIS et al. 2003, FANGRATH 2004, BERNSHAUSEN et al. 2004, 2009, KALZ & KNERR 2014, KALZ et al. 2015, KALZ & KNERR 2017, JÖDICKE 2017)
- Handlungsempfehlungen/Leitfäden (NABU 2013, LLUR 2013, European Commission 2012, FNN 2014)

KOLLISIONSFAKTOREN

Viele der folgenden Faktoren konnten im Rahmen des RWE-Forschungsvorhabens ermittelt werden (s. RICHARZ & HORMANN 1997, Vogel und Umwelt Sonderheft)

Morphologie: hohes Gewicht und kurze Flügel
Physiologie: Schlechte Geradeaus-Sicht
Verhalten: Schwarmverhalten/Nachtflieger/Flugbalz/Jungvögel
Andere, natürliche Faktoren: Sicht- und flugbeeinflussende Wetterbedingungen/Wanderrouten und Rastplätze/Habitat-Nutzung/Topografie/Stochastische Ereignisse wie plötzliche Störungen

Foto: C. Haack aus: Richarz & Hormann (1997)

Dr. Klaus Richarz, BWV e.V.

2. BEWERTUNG UND UMSETZUNG

PLANERISCHE/TECHNISCHE MÖGLICHKEITEN ZUR REDUKTION DES VOGELSCHLAGS (DURCH LEITUNGSFÜHRUNG/ -KONFIGURATION)

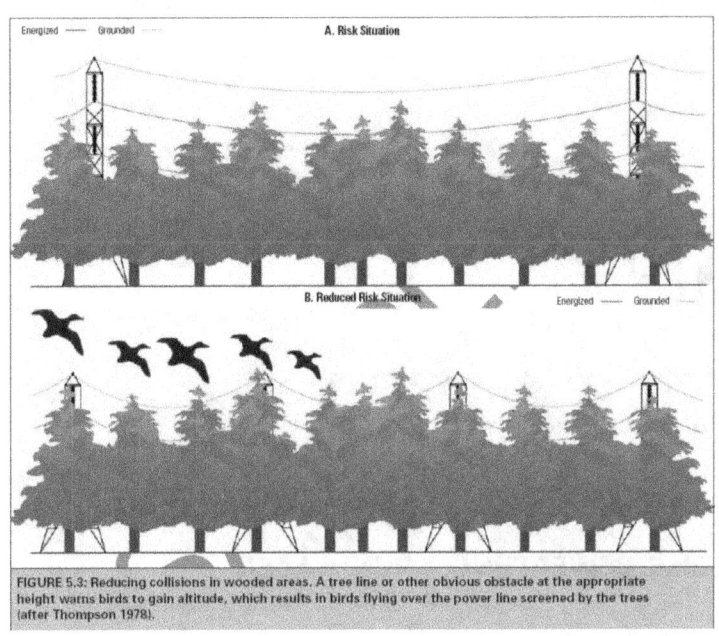

FIGURE 5.3: Reducing collisions in wooded areas. A tree line or other obvious obstacle at the appropriate height warns birds to gain altitude, which results in birds flying over the power line screened by the trees (after Thompson 1978).

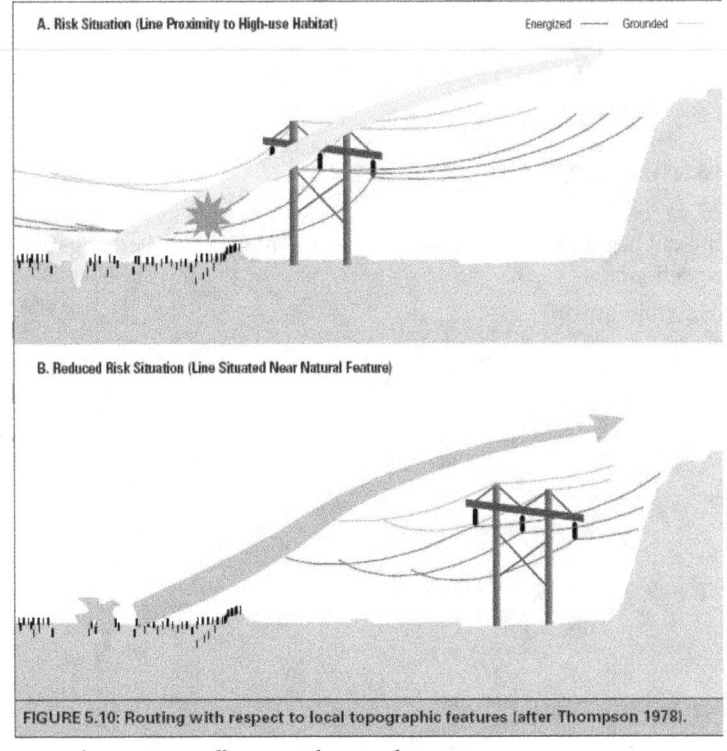

FIGURE 5.10: Routing with respect to local topographic features (after Thompson 1978).

Aus: reducing avian collisions with power lines, 2012

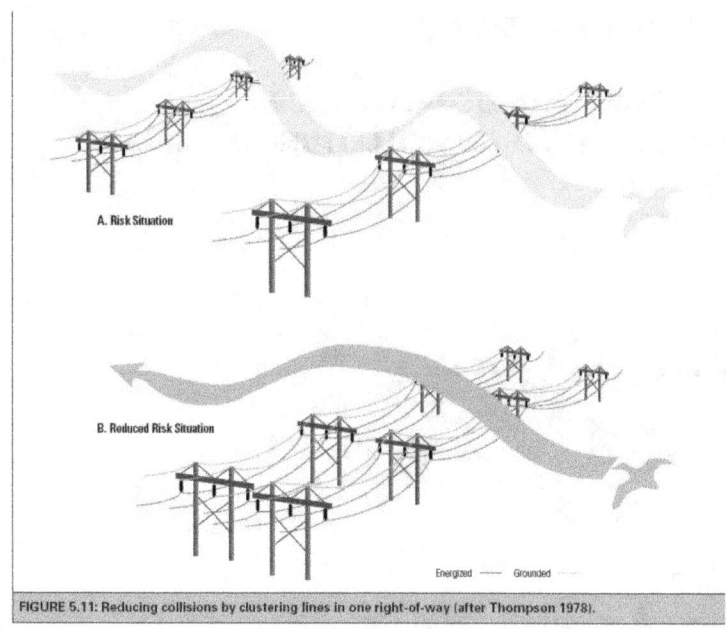

Aus: reducing avian collisions with power lines, 2012

LEITFÄDEN, HINWEISE, BEWERTUNGSGRUNDLAGEN

- LLUR (SH) Leitfaden (2013)
- FNN-Hinweis (2014)
- Bernotat & Dierschke (2016)

LLUR LEITFADEN, JANUAR 2013

Empfehlungen zur Berücksichtigung der tierökologischen Belange beim Leitungsbau auf der Höchstspannungsebene
- Nur für Schleswig-Holstein gültig
- Grundsätzlich Markierung
- Liste freizuhaltender Gebiete

Dr. Klaus Richarz, BWV e.V.

FNN-Hinweis Vogelschutzmarkierung an Hoch- und Höchstspannungsfreileitungen, 2014

Wichtigste Inhalte:
- Präferenz für ein Markierungssystem
- Festlegung auf drei Kategorien:
  - A: Markierung nicht ausreichend
  - B: Markierung notwendig
  - C: Markierung u. U. verzichtbar
- Zuordnung best. Vorkommen/Häufigkeiten von Arten/Artengruppen zu den Kategorien A und B
- Empfehlungen von Markierungsabständen
- Tabellarische Darstellung der vorhabentypspezifischen Mortalitätsgefährdung von Brut- und Jahresvögeln bzw. von Gastvögeln (nach Dierschke und Bernotat, 2012, in Vorb.) in fünf Gefährdungsstufen.

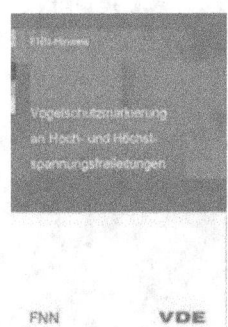

FNN-Hinweis 2014

Präferenz für schwarz-weiße Kunststoffstäbe („Zebras")
- Markierungen aus schwarz-weißen Kunststoffstäben: hohe Wirksamkeit belegt, werden aus ornithologischer Sicht präferiert (Lag Vsw, 2012 und Nabu, 2013)
- Verwendung anderer Markierungen kommt – unter dem Aspekt der Vermeidung/ Minimierung eines Kollisionsrisikos für Vögel – nur infrage, wenn der Nachweis über eine entsprechende Senkung des Kollisionsrisikos, z. B. durch wissenschaftliche Studien (z. B. bei schwarz-weiß gestalteten Spiralen, Kalz und Knerr, 2014) erbracht ist
- Andersfarbige (z. B. orange oder gelbe) Markierungen werden grundsätzlich schlechter wahrgenommen (Barrientos et al., 2011, 2012).

ERDSEILMARKIERUNGEN

VERSCHIEDENE TYPEN VON ERDSEILMARKIERUNGEN – UND UNSER WEG ZU DEN BEWEGLICHEN SCHWARZ-WEISS-MARKERN

Foto: Archiv VSW

ERDSEILMARKIERUNGEN; ENTWICKLUNGSCHRITTE IM RWE-FORSCHUNGSVORHABEN (S. RICHARZ & HORMANN 1997)

GEFIEDER ALS SIGNAL (NACH HAACK 1997)

Foto: Archiv VSW

Dr. Klaus Richarz, BWV e.V.

ERDSEILMARKIERUNGEN

GEFIEDER ALS SIGNAL – GEFIEDERMERKMALE UND FLUGVERHALTEN

Gefiedermerkmale und Flugverhalten europäischer Vogelarten als Vorbild für neu zu entwickelnde Leitungsmarkierungen (s. RICHARZ & HORMANN 1997)

Bild 2. Die Natur als Vorbild für die Entwicklung wirksamerer Leitungsmarkierungen. Durch unterschiedliche (schwarz-weiße) Gefiederfärbung entsteht bei diesen Kiebitzen ein durch die Flugbewegung hervorgerufener »Blinkeffekt«. Dieses Prinzip ist zur Prototypenentwicklung von modifizierten Leitungsmarkierungen verwendet worden.

Foto: Landesbund für Vogelschutz in Bayern e.V.

ERDSEILMARKIERUNGEN ALS ERGEBNIS DES RWE-FORSCHUNGSVORHABENS

ANBRINGEN VON VOGELMARKERN MITTELS NEUER TECHNIK

Fotos: K. Richarz, Archiv VSW

ERDSEILMARKIERUNGEN (ALLE MIT BEWEGL. MARKERN AUSSER KOOPS)
EFFIZIENZKONTROLLEN ZUR WIRKSAMKEIT VON VOGELMARKERN

Autor	Region	wichtigste Vogelgruppen	Wirksamkeit	Bemerkungen
KOOPS (1997)	Niederlande	Limikolen, Schwäne, Wasservögel	ca. 90 %	Vorher-nachher-Studie (**Kunststoffspiralen in sehr kurzen Abständen (5m)**)!
SUDMANN (2000)	Unterer Niederrhein	Gänse	ca. 95 %	Vergleich ähnlicher Leitungsabschnitte **mit und ohne Markierung**
BRAUNEIS et al. (2003)	Sachsen-Anhalt	Gänse, Möwen, Limikolen, Star	> 95 %	Vergleich ähnlicher Leitungsabschnitte **mit und ohne Markierung**
FANGRATH (2004)	Rheinland-Pfalz	Weißstorch	Keine Verluste (> 90 %)	Vorher-nachher-Studie; (**Markierung aller Seile**)
BERNSHAUSEN & KREUZIGER (2004, 2009)	Alfsee (Niedersachsen)	Möwen, Wasservögel	Keine Verluste (> 90 %)	Vorher-nachher-Studie, Wärmebildkamera und Vogelschlagopfersuche
Kleyheeg-Hartman & Gyimesi (2014)	Niederlande	Gänse, Enten, Limikolen, Möwen	Tag: 67 % (Gänse, Enten, Tauben) Nacht: 80 %	Vergleich ähnlicher Leitungsabschnitte **mit und ohne Markierung**; Wirksamkeit für Nachtflieger

Dr. Klaus Richarz, BWV e.V.

ERDSEILMARKIERUNGEN

WIRKSAMKEIT DER SCHWARZ-WEISSEN, BEWEGLICHEN MARKER IN DER ZUSAMMENFASSUNG

- Eine Wirksamkeit von 90% und mehr, v. a. für die besonders kollisionsgefährdeten Wat- und Wasservögel, ist gegeben
- Durch Vorher-Nachher-Studien konnte dies für (arktische) Gänse, Enten, Säger, Taucher, Möwen und Kormoran belegt werden (Bernshausen et al. 2014)
- z. B. für arktische Gänse nach Erdseilmarkierung am Niederrhein:
Rückgang Kollisionen um 93%,
Rückgang der tödlichen Unfälle um 96% (Bernshausen et al. 2014)
- Fall- und konstellationsspezifisch kann die Wirksamkeit jedoch bei einigen Arten reduziert sein
    - z. B. auf ca. 60% bei Tauben an der Lippeaue
  (mehrere Leitungen auf engem Raum, hoher Störungsdruck für dort zahlreich vorkommende Tauben)
- Nach Kalz & Knerr (2017) wirken s-w-Spiralen und bewegl. Marker in Vorher-Nachher-Studie nahezu gleich (72%) und universell
- Jödicke (2017) kann an der sog. „Hörschelmann-Leitung" erstmals bei einer Vorher-Nachher-Studie aufgrund einer sehr großen Stichprobe und eines umfangreichen biostatistischen Ansatzes den Nachweis einer statistisch abgesicherten artspezifischen Wirksamkeit liefern:
    - Für fünf Arten liegen statistisch signifikante Reduktionswerte vor
    - Besonders hohe Signifikanz für Weißwangen- und Graugans
    - Weniger hohe Signifikanz für Stockente, Rabenkrähe, Ringeltaube
    - Weitere statistisch signifikante Werte für die Artengruppen Gänse und Enten
    - Für andere Arten keine Signifikanz.

SCHLUSSFOLGERUNG

- Erdseilmarkierungen können nicht immer die Erheblichkeitsschwelle ausreichend niedrig halten
- Deshalb können Markierungen nicht in allen Fällen ein „Allheilmittel" sein
- Es werden Gebiete/Räume übrig bleiben, die aus fachlicher Sicht als „Taburäume" für Freileitungen einzustufen sind.

FNN-HINWEIS 2014

**FESTLEGUNG AUF DREI KATEGORIEN
VORLIEGEN BZW. AUSSCHLUSS EINES ERHÖHTEN KOLLISIONSRISIKOS**

Kategorie A:
- Raum + Vorhaben sind so konfliktträchtig, dass eine Konfliktminimierung/ Mortalitätsminderung durch Markierungen nicht ausreicht
- Notwendigkeit, räumliche + technische Varianten zu prüfen
- Erhebliche Beeinträchtigungen oder Konflikt mit artenschutzrechtlichem Tötungsverbot sind hier mit sehr hoher Wahrscheinlichkeit zu erwarten
  - Ausnahmeverfahren, wenn eine für kollisionsgefährdete Vogelarten konfliktärmere und zugleich zumutbare Trassenalternative nicht möglich ist
- In Gebieten der Kat. A reichen Markierungen in den genannten Abständen alleine nicht mehr aus; hier sind immer ergänzende technische und räumliche Maßnahmen zu prüfen
- Technische Maßnahmen sind z. B. eine Verdichtung der Markierung, eine Reduzierung der Hinderniswirkung, z. B. durch eine optimierte Ausgestaltung der Mastbilder und Seilebenen
- Räumliche Maßnahmen, z. B. kleinräumige Optimierungen (Verschwenken der Leitungsachse oder Verschiebung von Maststandorten) mit dem Ziel, größere Abstände zu Kernhabitaten zu erreichen
- Aber auch Ausschlussgebiete für Freileitungsbau bzw. Erdkabel als Alternative.

Kategorie B:
- Raum und Vorhaben sind konfliktträchtig
  - Konfliktminimierung/Mortalitätsminderung durch Markierung erforderlich.

Kategorie C:
- Raum bzw. Vorhaben sind als konfliktarm einzustufen
- Im Interesse des Landschaftsbilds oder aus Gründen der Verhältnismäßigkeit etc. kann auf Markierungen verzichtet werden.

Dr. Klaus Richarz, BWV e.V.

ZUORDNUNG BESTIMMTER VORKOMMEN/HÄUFIGKEITEN VON ARTEN/ARTENGRUPPEN ZU DEN KATEGORIEN A UND B

- Für Freileitungen äußerst/maßgebend unverträgliche Gebiete/Funktionsräume mit hoch anfluggefährdeten Vogelarten (Kategorie A), jeweils mit Puffer, insbesondere:

  1. **Trappengebiete**
  2. Brutgebiet **Südlicher Goldregenpfeifer**
  3. Brutgebiete **Große Rohrdommel** > 5 rufende Tiere
  4. Bedeutsame **Kranich-Sammel(rast)plätze**
  5. EU-VSGe für/mit brütende(n) und/oder rastende(n) Wasservögel(n) und Limikolen
  6. **Brutkolonien kollisionsgefährdeter Arten**

- Gebiete, die eine Konfliktminimierung/Mortalitätsminimierung durch Markierungen erfordern (Kategorie B), insbesondere:

  1. Brutgebiete von **Wiesenlimikolen** (soweit nicht Kategorie A)
  2. **Regional bedeutsame Brutgebiete** relevanter Arten (= planungsrelevante und zugleich hoch anfluggefährdete Vogelarten)
  3. **Regional bedeutsame Rastgebiete** relevanter Arten (= planungsrelevante und zugleich hoch anfluggefährdete Vogelarten)
  4. **Konzentrationspunkte des Vogelzugs** (soweit nicht Kategorie A)

EMPFOHLENE MARKIERUNGSABSTÄNDE

- Bei Berücksichtigung des vorliegenden Technischen Hinweises reicht in der Regel ein Abstand der Markierungen von 20 - 25 m zueinander
- Die bisherigen Untersuchungsergebnisse belegen, dass bei den oben genannten Abständen eine ausreichende Minimierung des Kollisionsrisikos erreicht wird
- Nur in Ausnahmefällen kann es notwendig sein, engere Markierungsabstände zu prüfen (Nabu, 2013).

FACHKONFERENZ
Vogelschutz an Höchstspannungsfreileitungen

BERNOTAT & DIERSCHKE (2016): VORHABENTYPSPEZIFISCHE MORTALITÄTSGEFÄHRDUNG DURCH ANFLUG AN FREILEITUNGEN

A: Sehr hohe Gefährdung	B: Hohe Gefährdung	C: Mittlere Gefährdung	D: Geringe Gefährdung	E: Sehr geringe Gefährdung
i. d. R./schon bei geringem konstellationsspezifischem Risiko planungs- u. verbotsrelevant	i. d. R./schon bei mittlerem konstellationsspezifischem Risiko planungs- u. verbotsrelevant	im Einzelfall/bei mind. hohem konstellationsspezifischem Risiko planungs- u. verbotsrelevant	i. d. R. nicht/nur bei sehr hohem konstellationsspezifischem Risiko planungs- u. verbotsrelevant	i. d. R. nicht/nur bei extrem hohem konstellationsspezifischem Risiko planungs- u. verbotsrelevant

Artengruppen	A: Sehr hohe Gefährdung	B: Hohe Gefährdung	C: Mittlere Gefährdung
Trappen	Großtrappe		
Störche, Kraniche	Kranich, Schwarzstorch, Weißstorch		
Reiherartige	Purpurreiher, Nachtreiher, Große Rohrdommel	Löffler, Zwergdommel	Graureiher
Wat- und Schnepfenvögel	Großer Brachvogel, Uferschnepfe, Goldregenpfeifer, Kampfläufer, Alpenstrandläufer, Flussuferläufer, Triel, Sandregenpfeifer, Steinwälzer, Seeregenpfeifer, Kiebitz, Bekassine	Rotschenkel, Austernfischer, Waldschnepfe, Bruchwasserläufer	Säbelschnäbler, Waldwasserläufer, Flussregenpfeifer

Dr. Klaus Richarz, BWV e.V.

3. FAZIT

VOGELSCHLAG AN FREILEITUNGEN

Auswirkungen können (in vielen Fällen) deutlich gemindert werden
- Durch planerische Maßnahmen (Trassenführung/-architektur)
- Durch ergänzende technische Maßnahmen (v. a. **wirksame Vogelschutzmarkierungen**)
- Gebietsspezifische Bewertung notwendig
- Konstellationsspezifische Bewertung erforderlich wie An-/Abflug in/aus einem Funktionsraum, Wechsel zwischen Funktionsräumen, Funktionsraum im unmittelbaren Trassenbereich
- Weiterer Untersuchungsbedarf (u. a. zur Wirksamkeit von Markierungen auf Art- und Gruppenniveau, zum Einsatz von Markierungen für Nachtflieger sowie zu „wo liegen die Grenzen der Machbarkeit?")
- Monitoring erwünscht (z. B. bzgl. Markierungsabständen, Markierungsdesign bei 2 Erdseilen u. ä.)
- **Es werden Gebiete/Arten übrig bleiben, für die ein Freileitungsbau trotz aller technischer Minimierungsmaßnahmen aus Artenschutzgründen nicht infrage kommen kann.**

FACHKONFERENZ

Vogelschutz an Höchstspannungsfreileitungen –
Methoden, Spielräume und Realisierbarkeit

Dr. Beate Kalz & Ralf Knerr
(Diplom-Biologen)
Landschaft • Planung • Biologie Büro für Tierökologie

Studie zur Wirksamkeit unterschiedlicher Vogelschutzmarkierungen

FACHKONFERENZ
Vogelschutz an Höchstspannungsfreileitungen

PROBLEMATIK

- Kollisionen fliegender Vögel an Freileitungen führen zu Verletzungen und Todesfällen
- Spektakulär v. a. bei Großvogel-Gruppen (z. B. Gänse, Kraniche)
- Auch Kleinvögel betroffen, sehr viel häufiger als Großvögel
- Vorbeugung durch bessere Sichtbarmachung der Leitungen, v. a. der Erdseile
- Vogelschutzmarker verschiedene Modelle
- Wirkung?

VOGELSCHUTZMARKIERUNG

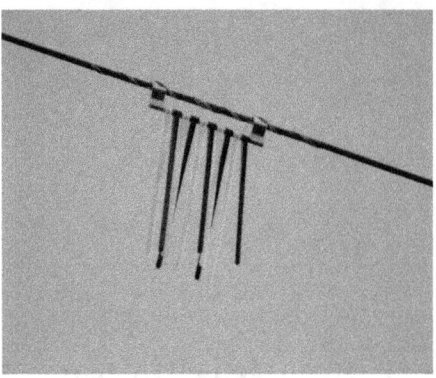

2012 – keine Marker

2013 – schwarz-weiße Spiralen

2016 – Ribe-Marker
mit zweifarbigen beweglichen Elementen

Untersuchung jeweils September bis November (Herbstzug)

UNTERSUCHUNGSGEBIET

- 380-kV-Leitung Vierraden-Krajnik 507/508 im Nationalpark Unteres Odertal
- Nördlich der Stadt Schwedt (Oder) im Landkreis Uckermark in Brandenburg
- Oderlauf als bedeutende Leitlinie für ziehende Vögel vieler Arten
- Fluss und angrenzende Flächen sind durch besonders intensiven Vogelzug geprägt
- Untersuchungsraum: 2,4 km langer Trassenabschnitt in der Oder-Niederung unmittelbar westlich des Flusses.

Dipl.-Biol. Dr. Beate Kalz, Büro für Tierökologie

UNTERSUCHUNGSGEBIET

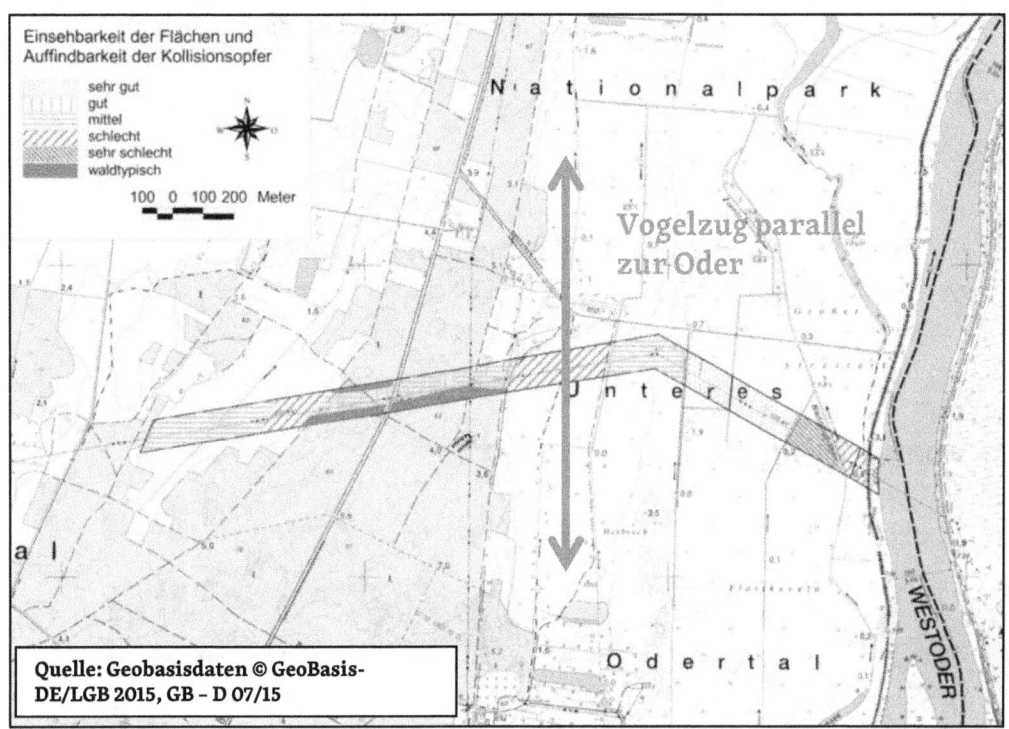

AUSSCHNITT EINER BEISPIELBEGEHUNG (31.10.2012)

KORREKTURFAKTOREN

- Die Anflugopferrate pro Untersuchungsstrecke berechnet sich wie folgt (nach Stein 2012):
- $H = T : (1 - N) : (1 - A) : (1 - F)$
- H = Hochrechnung Totfunde
- T = tatsächlich gefundene Vögel
- N = Anteil übersehener Tiere
- A = Anteil der durch Aasfresser abgetragenen Kadaver
- F = Flächenanteil der nicht abgesuchten Fläche zur gesamten Untersuchungsfläche.

VORUNTERSUCHUNG ABTRAGERATE

- Durch Auslegen von toten Eintagsküken

VERGLEICH KOLLISIONSOPFER

- Auffälliger als Eintagsküken
- Oft nicht komplett abgetragen
- Verweildauer bis zur Kontrolle z. T. geringer.

Dipl.-Biol. Dr. Beate Kalz, Büro für Tierökologie

ABTRAGERATE ERGEBNIS

- 2012: Abtragerate als Korrekturfaktor und Festlegung des Suchintervalls
- Suchintervall: 4 Tage
- Abtragerate nach 4 Tagen 2012 = 58,3%
- 2013 und 2016: Ermittlung der Abtragerate als Korrekturfaktor, Suchintervall = 2012
- Abtragerate nach 4 Tagen:
  2013: 16,1%,
  2016: 23,2%

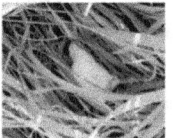

VORUNTERSUCHUNG SUCHEFFIZIENZ

- Durch Auslegen von Spielzeugfiguren.

SUCHEFFIZIENZ ERGEBNIS

- 2012: Fundrate 50,0%
- 2013: Fundrate 40,0%
- 2016: Fundrate 58,6%

ERGEBNISSE 2012

Vor Montage der Vogelschutzmarker
- Insgesamt 46 Vögel gefunden
- Davon 1 Wanderfalkenopfer
- 3 Funde vor Vergleichszeitraum 2013 u. 2016
- d. h. 42 Kollisionsopfer zwischen September und November 2012.

ANFLUGOPFERRATE 2012

- Formel nach Stein (2012): $H = T : (1 - N) : (1 - A) : (1 - F)$
- T = Anzahl gefundener Anflugopfer = 42
- N = Anteil übersehener Tiere = 100 – Fundrate, experimentell ermittelt nach Einarbeitung des Kartierers = 50%
- A = Abtragerate nach 4 Tagen, experimentell ermittelt = 58,3%
- F = Flächenanteil der nicht abgesuchten Fläche zur gesamten Untersuchungsfläche = 0
- $H = 42 : 0,5 : 0,417 : 1 = \mathbf{201}$
- 201 Kollisionsopfer auf 2,4 km Leitungsstrecke = **84** Kollisionsopfer je Leitungskilometer

ERGEBNISSE 2013

Vogelschutzmarker ab 30. August
- Insgesamt 24 Vögel gefunden
- Davon 1 Wanderfalkenopfer
- 4 Funde vor Montage der Vogelschutzmarker
- d. h. 19 Kollisionsopfer zwischen September und November 2013
- (zum Vergleich: 2012 waren es im gleichen Zeitraum 42 Kollisionsopfer)

ERGEBNISSE 2016

Vogelschutzmarker ab 30. August
- insgesamt 26 Vögel gefunden
- 1 Fund vor Montage der Vogelschutzmarker
- d. h. 25 Kollisionsopfer zwischen September und November 2016
- (zum Vergleich: 2012 waren es im gleichen Zeitraum 42 Kollisionsopfer, 2013 waren es 19)

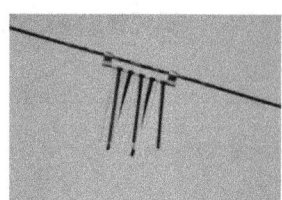

Dipl.-Biol. Dr. Beate Kalz, Büro für Tierökologie

ANFLUGOPFERRATE

- Formel nach Stein: H = T : (1 - N) : (1 - A) : (1 - F)
- 2012: H = 42 : 0,5 : 0,417 : 1 = 201,4
- 201,4 Kollisionsopfer auf 2,4 km Leitungsstrecke = 83,9 Kollisionsopfer je Leitungskilometer
- 2013: H = 19 : 0,4 : 0,839 : 1 = 56,6
- 56,6 Kollisionsopfer auf 2,4 km Leitungsstrecke = 23,6 Kollisionsopfer je Leitungskilometer
- 2016: H = 25 : 0,586 : 0,768 : 1 = 55,5
- 55,5 Kollisionsopfer auf 2,4 km Leitungsstrecke = 23,1 Kollisionsopfer je Leitungskilometer

VERGLEICH DER KOLLISIONSOPFER

- Anzahl der Kollisionsopfer, berechnet nach der Formel nach Stein (2012), verminderte sich nach Montage der Vogelschutzmarker auf dem 2,4 km langen Leitungsabschnitt des Untersuchungsgebietes von **201,4** auf **56,6** bzw. **55,5** Kollisionsopfer.
- Das zeigt eine Abnahme der Kollisionsopfer nach Montage der Vogelschutzmarker beider Typen um ca. **72%**.

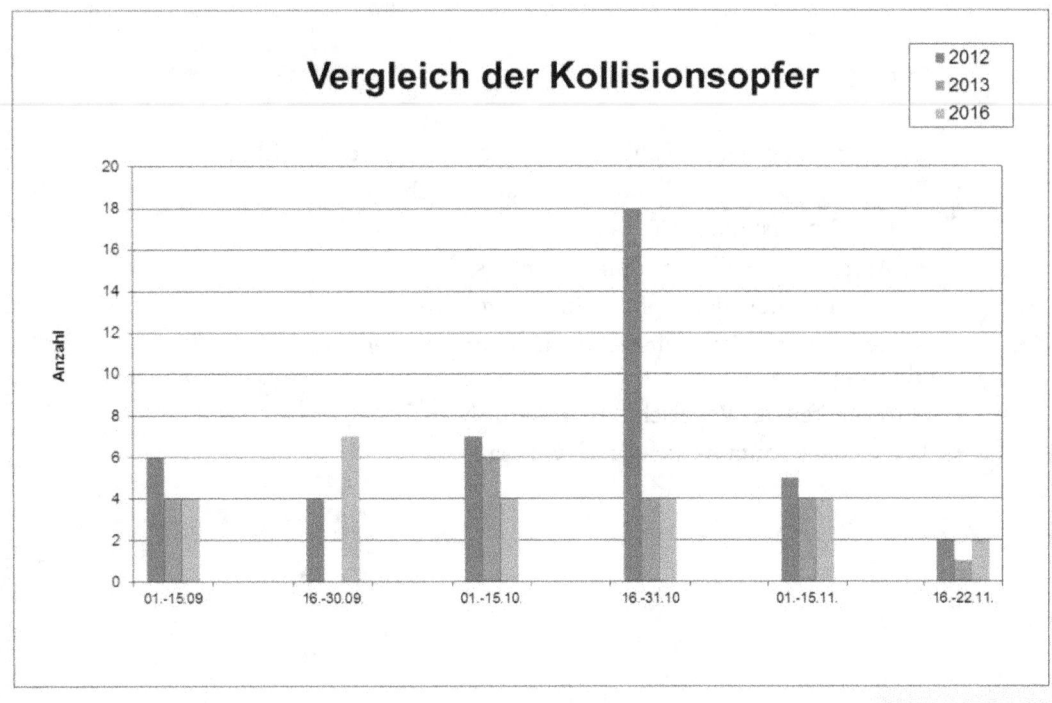

VERGLEICH VOGELZUG

- **Kontrollabschnitt** ohne Vogelschutzmarker

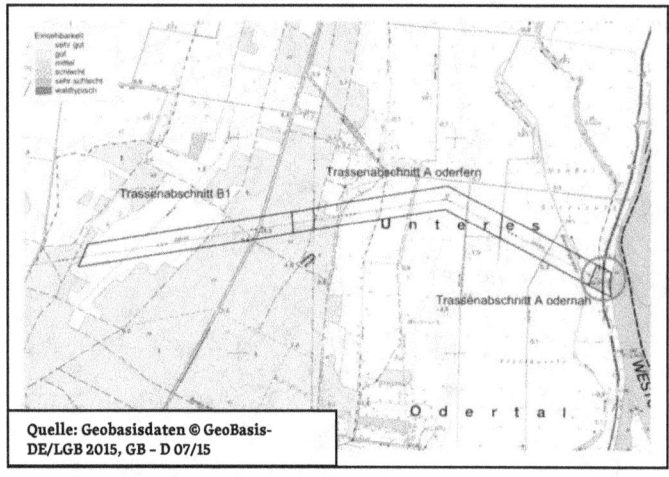

- 2012: 3 Kollisionsopfer = korrigiert: 144 je Leitungs-km
- 2013: 8 Kollisionsopfer = korrigiert: 159 je Leitungs-km
- 2016: 3 Kollisionsopfer = korrigiert: 67 je Leitungs-km
- d. h. Vogelzug 2013 gleich oder stärker als 2012; 2016?

DISKUSSION

- Vogelschutzmarker -> Zahl der Kollisionsopfer sinkt signifikant
- Berechnete Zahl der Kollisionsopfer ist zu hoch
    - Alle Eintagsküken 4 Tage Liegezeit, Kollisionsopfer nicht
    - Abtragerate Kollisionsopfer < Eintagsküken
    - Fundrate Kollisionsopfer > Spielzeugfiguren
- Anzahl der Kollisionsopfer ist nicht auf andere Gebiete übertragbar
- Wirksamkeit der Vogelschutzmarker universell
- Beide Vogelschutzmarker gleich wirksam

AUSBLICK 1

- Geplant: Auswertung der Witterungsdaten, v. a. in Bezug auf Regen, Nebel, Wind
- Vergleich innerhalb und zwischen den Untersuchungsjahren
- Publikation der neuen Daten, Vergleich zwischen den beiden Markertypen
- Mitwirkung beim BfN-Projekt „Wirksamkeitsanalyse unterschiedlicher Vogelschutzmarker" (Ziel: artspezifische Wirksamkeit ermitteln)

AUSBLICK 2

- Untersuchung mittels Videoaufnahmen ab Ende Oktober/Anfang November 2017 durch 50Hertz Transmission GmbH

Weitere mögliche Forschungsprojekte:
- Kombination verschiedener Marker
- Marker unterschiedlicher Größen
- Marker verschiedener Farbaufteilungen

 **FACHKONFERENZ**
Vogelschutz an Höchstspannungsfreileitungen

BEISPIEL MARKERGRÖSSEN

BEISPIEL FARBAUFTEILUNG

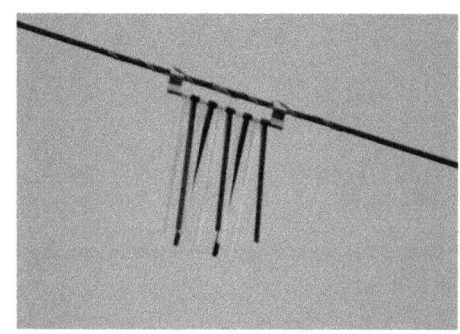 

Foto: Wikipedia (Quartl) – CC BY-SA 3.0

PROGRAMM

10:00 – 10:20 Uhr	• Begrüßung Boris Schucht, CEO 50Hertz Transmission GmbH • Einleitung, Heranführung ans Thema Dr. Christoph Ewen, team ewen • Übertragungsnetze und Vogelschutz Eric Neuling, NABU - Naturschutzbund Deutschland e. V.
10:20 – 10:50 Uhr	• Rechtliche Anforderungen an Methoden, Methodenfreiheit, Beurteilungsspielräume, Fachkonventionen Prof. Dr. Olaf Reidt, Redeker Sellner Dahs Rechtsanwälte
10:50 – 11:20 Uhr	• Bewertung von Kollisionsrisiken an Freileitungen im Rahmen des europäischen Arten- und Gebietsschutzes Dipl.-Ing. Dirk Bernotat, Bundesamt für Naturschutz
11:20 – 11:50 Uhr	• Herausforderungen bei der planerischen Umsetzung der Anforderungen an den Vogelschutz Dr. Ulrich Mierwald, Kieler Institut für Landschaftsökologie
11:50 – 12:30 Uhr	• Moderierte Diskussionsrunde (Publikum)
12:30 – 13:30 Uhr	• Mittagspause
13:30 – 14:00 Uhr	• Vogelschutzmarkierungen - Status quo und FNN-Hinweis Dr. Klaus Richarz, Bundesverband Wissenschaftlicher Vogelschutz, BWE e. V.
14:00 – 14:30 Uhr	• Vorstellung Ergebnisse Studie zur Wirksamkeit unterschiedlicher Vogelschutzmarkierungen Dr. Beate Kalz, Büro für Tierökologie
14:30 – 15:30 Uhr	• Expertendiskussion und moderierte Diskussionsrunde (Publikum)
15:30 – 16:00 Uhr	• Zusammenfassung und Ausblick Dr. Christoph Ewen, team ewen

TEILNEHMER

	Titel	Vorname	Nachname	Institution
1		Kathrin	Ahting	White & Case
2		Rüdiger	Albrecht	Landesamt für Landwirtschaft, Umwelt und ländliche Räume Schleswig-Holstein
3	Dr.	Markus	Appel	Linklaters
4	Dr.	Michael	Below	Deutsche Bahn AG
5	Dipl.-Ing.	Dirk	Bernotat	Bundesamt für Naturschutz
6		Frank	Bernshausen	TNL Umweltplanung
7		Christian	Beste	BHF Bendfeldt Herrmann Franke LandschaftsArchitekten GmbH
8	Dr.	Markus	Böckel	50Hertz Transmission GmbH
9		Elke	Brennenstuhl	50Hertz Transmission GmbH
10		Oliver	Britz	50Hertz Transmission GmbH
11		Lisa	Buchkremer	ETC GmbH
12		Caroline	Büchner	ETC GmbH
13	Dr.	Neele Ann	Christiansen	CMS Hasche Sigle Partnerschaft von Rechtsanwälten und Steuerberatern mbB
14		Jan	Crone	Ministerium für Energiewende, Landwirtschaft, Umwelt, Natur und Digitalisierung des Landes Schleswig-Holstein
15		Siegfried	De Witt	DE WITT Rechtsanwaltsgesellschaft mbH
16		Karsten	Dedek	trias Planungsgruppe
17		Dorothea	Diez	TransnetBW GmbH
18		Matthias	Dombert	Dombert Rechtsanwälte
19	Dr.	Mathias	Elspaß	Clifford Chance Deutschland LLP
20	Dr.	Christoph	Ewen	team ewen
21		Olivier	Feix	50Hertz Transmission GmbH
22		Diane	Feller	50Hertz Transmission GmbH
23		Thorsten	Fritsch	BDEW Bundesverband der Energie- und Wasserwirtschaft e.V.
24	Dr.	Arno	Gramatte	TenneT TSO GmbH
25		Isabelle	Haschke	50Hertz Transmission GmbH
26		Rocco	Hauschild	50Hertz Transmission GmbH
27	Dr.	Jan	Hennig	GSK Stockmann & Kollegen
28		Christoph	Herden	Gesellschaft für Freilandökologie und Naturschutzplanung mbH
29		Peter	Hermanns	TGP Landschaftsarchitekten/Trüper, Gondesen und Partner mbB
30		Uwe	Herrmann	BHF Bendfeldt Herrmann Franke LandschaftsArchitekten GmbH
31		Michael	Hippenstiel	Deutsche Bahn AG
32		Isabel	Hohmann	BHF Bendfeldt Herrmann Franke LandschaftsArchitekten GmbH
33	Dr.	Frank	Hölzer	50Hertz Transmission GmbH
34		Ricarda	Horx	GICON - Großmann Ingenieur Consult GmbH
35		Stefan	Jaehne	Thüringer Landesanstalt für Umwelt und Geologie
36		Claudia	Jaehrling	Amprion GmbH
37		Martin	Jäger	50Hertz Transmission GmbH
38		Volker	Jendrosch	50Hertz Transmission GmbH
39		Klaus	Jödicke	B.i.A. - Biologen im Arbeitsverbund
40	Dr.	Beate	Kalz	Büro für Tierökologie
41		Andreas	Kaschel	Sweco GmbH
42		Uwe	Kettnaker	Thüringer Landesverwaltungsamt
43	Dr.	Danuta	Kneipp	50Hertz Transmission GmbH
44	Dr.	Detlef	Kober	Amprion GmbH
45	Dr.	Malte	Kohls	BBG & Partner
46		Friedrich	Kopp	50Hertz Transmission GmbH
47		Elke	Korn	50Hertz Transmission GmbH
48	Dr.	Lutz	Krahnefeld	Köchling & Krahnefeld Rechtsanwälte Partnerschaft mbB
49		Nadja	Kucher	50Hertz Transmission GmbH
50	Dr.	Torsten	Langgemach	Landesamt für Umwelt Brandenburg
51		Burkhard	Lehmann	Myotis – Büro für Landschaftsökologie
52	Dr.	Monique	Liesenjohann	BioConsult SH GmbH & Co.KG
53		Olaf	Malinowski	Voigt Ingenieure GmbH Berlin
54	Dr.	Dirk	Manthey	50Hertz Transmission GmbH
55		Ronald	Meinecke	Büro für Verfahrensmanagement und Umweltgutachten
56	Dr.	Ulrich	Mierwald	Kieler Institut für Landschaftsökologie

	Titel	Vorname	Nachname	Institution
57		Elmar	Nasse	50Hertz Transmission GmbH
58		Marco	Naujoks	50Hertz Transmission GmbH
59		Eric	Neuling	NABU
60		Andrea	Nissen	Planungsbüro Förster
61		Nora	Nording	Amprion GmbH
62		Jens	Ohr	TransnetBW GmbH
63		Ursula	Pagenkemper	Amt für Planfeststellung Energie Schleswig-Holstein
64		Jörg	Piotrowski	Ingenieur- und Planungsbüro LANGE GbR
65		Monika-Daniela	Prause	Pöyry Deutschland GmbH
66		Anne	Radke	CSR management and sustainability communication
67		Uwe	Radtke	Bundesnetzagentur
68	Prof. Dr.	Olaf	Reidt	Redeker Sellner Dahs
69	Dr.	Klaus	Richarz	Bundesverband Wissenschaftlicher Vogelschutz BWV e.V.
70		René	Rieger	BPR Dr. Schäpertöns Consult
71		Rene	Rodenheber	Netze Magdeburg GmbH
72		Maria	Rommes	Bundesnetzagentur
73	Dr.	Reinhard	Ruge	50Hertz Transmission GmbH
74		Holger	Runge	Planungsgruppe Umwelt
75		Katharina	Scheibner	50Hertz Transmission GmbH
76	Dr.	Gernot	Schiller	Redeker Sellner Dahs
77	Dr.	Benjamin	Schirmer	CMS Hasche Sigle
78		Jana	Schramke	50Hertz Transmission GmbH
79		Alexander	Schröder	Ministerium für Energie, Infrastruktur und Digitalisierung Mecklenburg-Vorpommern
80		Torsten	Schroschk	Landesamt für Bergbau, Geologie und Rohstoffe Brandenburg
81		Johannes	Schwarz	Senatsverwaltung für Umwelt, Verkehr und Klimaschutz Berlin
82		Bernhard	Segbers	50Hertz Transmission GmbH
83		Mara	Steffen	50Hertz Transmission GmbH
84		Andreas	Stein	Landesamt für Umwelt Brandenburg
85		Julia	Stöcker	Planungsbüro Förster
86		Christian	Trimpe	Amprion GmbH
87		Melanie	van de Flierdt	Ingenieur- und Planungsbüro LANGE GbR
88		Claudius	Völker	Pöyry Deutschland GmbH
89		Siegfried	Wagner	50Hertz Transmission GmbH
90		Ulrike	Wetzel	Landesamt für Bergbau, Geologie und Rohstoffe Brandenburg
91		Mira	Wilcock	Clifford Chance Deutschland LLP
92	Dr.	Marion	Wilde	Ministerium für Wirtschaft und Energie Brandenburg
93	Prof. Dr.	Norbert	Wimmer	White & Case
94		Birte	Wisser	Amt für Planfeststellung Energie Schleswig-Holstein
95		Antje	Wittmann	BHF Bendfeldt Herrmann Franke LandschaftsArchitekten GmbH
96		Franz	Zinecker	Landesamt für Bergbau, Geologie und Rohstoffe Brandenburg

Herstellung und Verlag:
BoD- Books on Demand, Norderstedt
ISBN: 9783746059273

www.ingramcontent.com/pod-product-compliance
Lightning Source LLC
Chambersburg PA
CBHW081815220526
45470CB00007B/2326